ちくま文庫

ひきこもりグルメ紀行

カレー沢薫

筑摩書房

ひきこもりグルメ紀行　もくじ

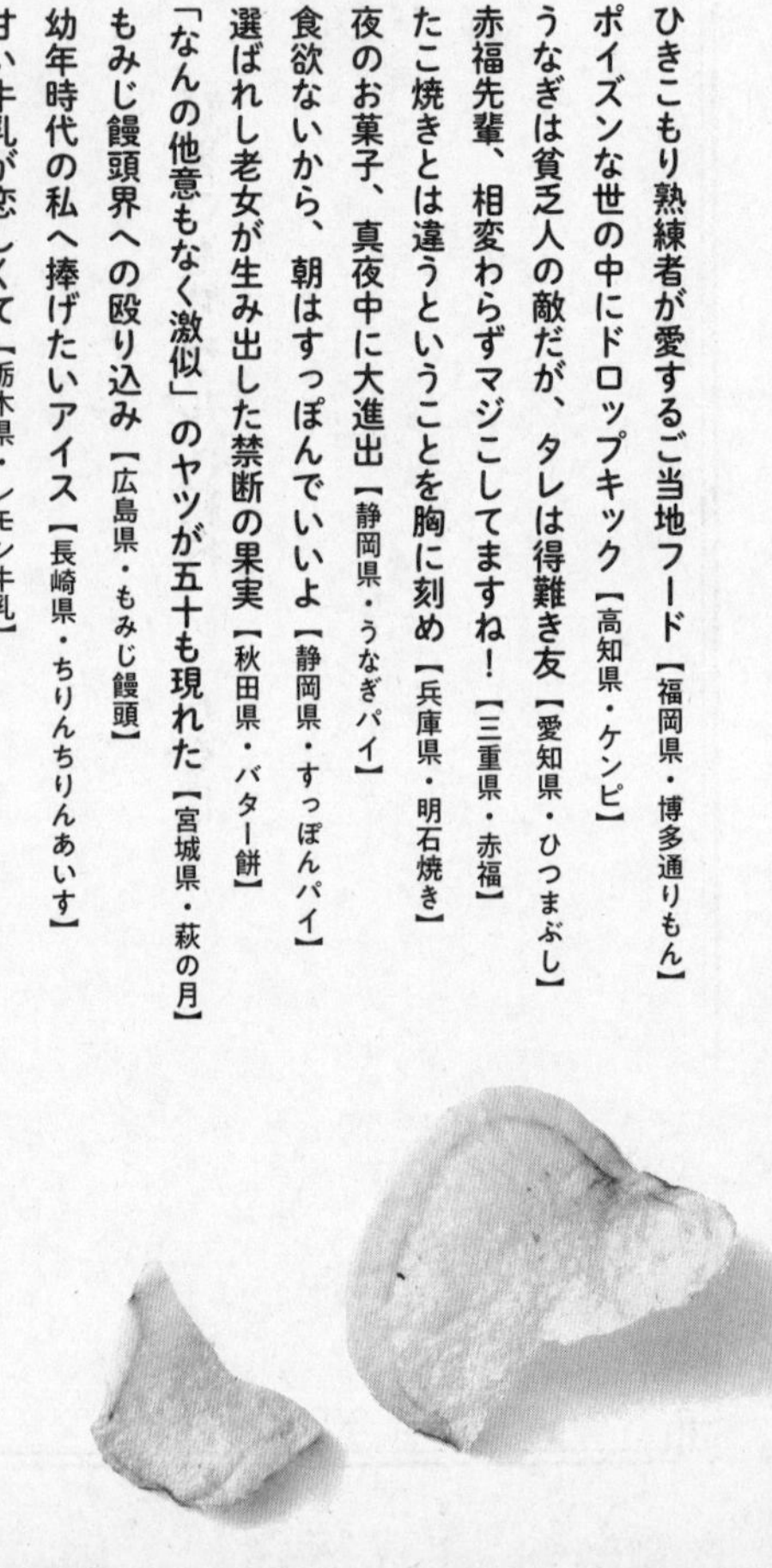

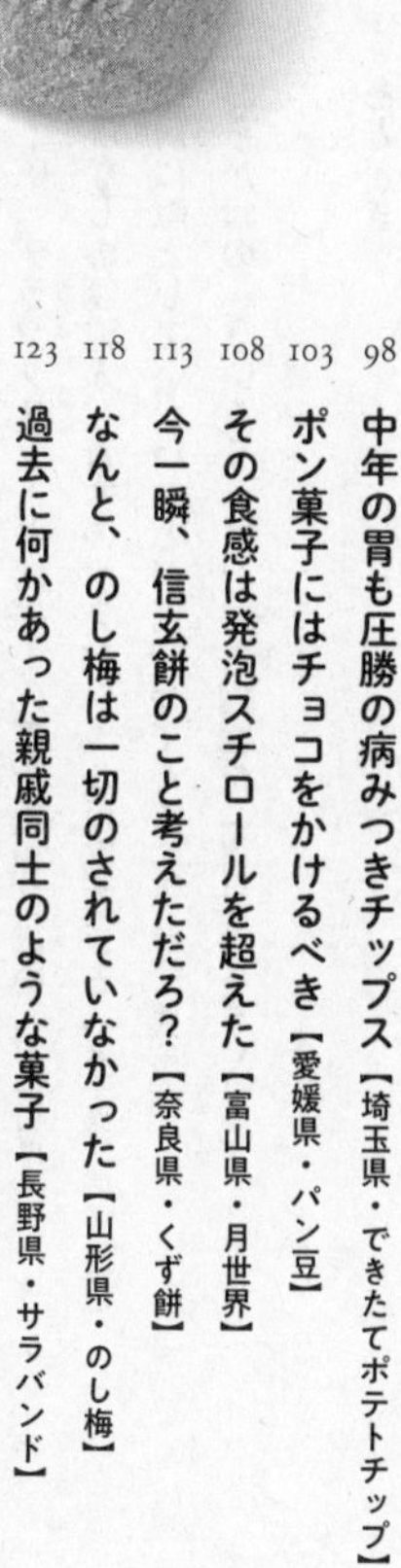

ひきこもりグルメ紀行

【ひきこもりグルメ紀行】とは――

無職の漫画家・カレー沢薫が発達した通販文化を駆使し、部屋から一歩も出ずに全国津々浦々の名物を手に入れ、部屋から一歩も出ずに食べ尽くす試みである。

ひきこもり熟練者が愛する ご当地フード

【博多通りもん】

福岡県

まずこれは「食べ物コラム」である。仕事に関しては何が来ても「私で良いならやりますよ」というスタンスだが、それでも「女とは何か」「モテとは何か」について書いてくれと言われると「何故俺に聞く？」と思う。

和田アキ子はなぜ芸能人の御意見番ヅラなのか、という話をたまに聞くが、あれは多分聞かれたからだ。意見を求められたから答えているのだ。聞かれたのに答えない方が態度が悪い。

よって私も、そういうテーマで書けと言われれば書く。何故お前如きが偉そうにそんなことを言うのかと言われると全くその通りで申し訳ないのだが、「書くと原稿料がもらえるからです」としか言いようがない。

その点、食べ物の話はいい。いくら私でも「お前如きが食い物を食うな光合成しろ」と言われることはないだろう。言われたとしたらこのコラムは、食から光合成日記に変更なわけだが、それでも「誰に許可を取ってそこで光合成したのですか」「あなたの葉緑体は不快です」等言われる恐れはある。

このようにインターネットは乱世なので、何を書いても怒られる時は怒られる。だが食い物の話はその中でも割とピースフルな話題だと思うし、そもそも食い物の前で揉めるのはあまりよくない。

なので、できれば、からあげの話の時はニワトリとか、その食い物の原材料だという人以外はあまり怒らないで欲しい。

食という大雑把なテーマは決まったが、食い物と言っても、フォアグラから、しょうゆをかけたティッシュまで色々あるし、セロハンテープののりだって舐めれば甘い。ゴムだって5分くらい嚙み続ければそれはもう食い物だろう。

あまりにも範囲が広すぎるので、もっと絞ることにした。そして、お互いのメールのレスポンスが遅すぎて一か月ぐらいかかったが、「各地の名産」という、人間はここまで日和れるのかというような、ダブルピースフルなテーマが決定した。

確かに日本には、「ひよ子」や「白い恋人」のような誰もが知っている有名どころから、クラスでちょっと浮いてる奴んちのＢＢＡしか作ってない郷土料理まで、多種多様なローカルフードがある。私はそれのほとんどを食べたことがない。

何故なら、部屋から出ないからだ。旅行なんてもっての外、仕事で東京に行かなければいけない時でも、空いた時間に有名店に行こうなどとは思わず、出発時刻まで、羽田空港のロビーで2時間ぐらい微動だにしないことなどザラだ。

また、食べることは好きだが、意外とチャレンジ精神がない。

「食べるのが好き」と言う人間には二タイプいる。新製品や食べ歩きを趣味とする「色々食べてみる派」と、「同じものをエンドレスで食う奴」だ。

私など完全に後者で、どこのコンビニでも買える栄養補助食を三六五日食いながら、「趣味は食べることです」と満面の笑みで言っているのだ。

ピースフルな話題のはずが、どのテーマよりも私の心の闇が浮き彫りになりそうな気がしてきた。

だがもちろん、それ以外の物を食うと全身痙攣するというわけではなく、出されたり、もらったりしたものは何でも食べるし美味いと思う。

そんなひきこもり偏執狂が今一番美味いと思っているご当地フードは、博多の銘菓「通りもん」だ。

カテゴリとしては皮にあんが入っているので饅頭になるのだろうが、ただの饅頭ではない。

まず原材料がすごい。

「白生餡（隠元豆）、砂糖、小麦粉、バター、マルトース、卵、水飴、加糖練乳、脱脂粉乳、生クリーム、蜂蜜、トレハロース、膨張剤、香料」

デブの素と言うより、デブを擬菓子化したら通りもんになると言っても過言ではない。だが太る食い物というのは、基本的に美味いのだ。カロリーは最大の調味料、とはよく言ったものだ。

この通りもんも原材料通りの美味さである。してはいけないことをしている感がまたいい。世の刺激が欲しい人たちも、不倫とかよりは通りもんを食った方がいいんじゃないだろうか。

また、食べる時のシチュエーションも大事だ。通りもんは、自分で一箱買って食うよりも、会社で、誰かの土産として一つだけ配られた物の方が断然美味いのだ。

もし会社で自分だけ、通りもんが配られなかったということがあったら、悪質ないじめなので、その場で退職して労基へいこう。

なので、先日博多へ行った時、私は通りもんを買わなかった。じゃあ何を買ったか

通りもんと
堅パン
実は原材料は
割とかぶっている

と言うと「堅パン」である。

堅パンとは、堅いパンのことであり、所謂乾パンのことだ。だがその名の通り、堅さが半端ではない。顎を鍛えるためというより、破壊目的で作られたとしか思えない。味はというと美味くも不味くもない。

私は帰路の新幹線で、堅パンをかじり、顎関節症を患っている自慢の顎に深刻なダメージを与えながら、次に通りもんが食べられるのはいつだろうと思った。

好きだからこそ、金で一箱買って食べつくす、などということはしたくない。運命的な出会いをしたいのだ。

そんな気持ち悪い感情さえ抱かせてしまう通りもんを越える名産はあるのか。次回からテーマとなる食べ物は担当から送られてくる予定だ。「名産というテーマは良いが、毎回お取り寄せとかするの大変だな」とわかりやすくゴネたのが功を奏した。

私の予想では何か堅いものが送られてくるような気がする。

ポイズンな世の中にドロップキック

【ケンピ】

高知県

さて、今回からテーマとなる銘菓は編集部側から送られてくるということになったのだが、その際、私の好み的なものに関しては一切質問がなかった。そこは最初から度外視というわけである。

好き嫌いはあまりない方だが、あからさまなゲテモノは苦手である。臓物的なものを原型で送るのはやめろと言っておけば良かったかもしれない。

ほどなくして編集部から荷物が届いたわけだが、幸い、袋から謎の液体がしみだしているとか、開けた途端スプリンクラーが作動したということもなかった。

では何が送られてきたかというと、結論から言うと堅いものが送られてきた。

前回の最後「多分堅いものが送られてくるだろう」と書いたらマジで堅いものを送ってきたのである。底抜けの素直さだ。おそらく京都で茶づけを出されても笑顔で完食して6時間は居座るタイプだ。

ただ当方も堅い食べ物が嫌いなわけではない。ただ顎関節症で口が二センチしか開かないだけだ。嗜好と体質というのは必ずしも一致しないのである。

それでその堅いものが何かというと「ケンピ」である。

私は地元どころか部屋からもろくに出ないので、各地の名物などには全く明るくないし、当然この菓子も初見であった。しかし、このケンピは一目でどこの銘菓かわかった。高知県である。

何故なら、パッケージに思いっきり坂本龍馬の写真が使われているからだ。これが誰かわからないとなるといよいよだが、ご親切に「土佐銘菓」とも書かれている。もちろん漢字が読めないという恐れもあるし、読めたとしてもそのくらいになると土佐が何県かなんてわかるはずもない。

しかし、坂本龍馬を知らなくても、漢字なんか読めなくても、箱を開けて中の菓子を食うことはできる、だから食い物というのは尊いのだ。

「ケンピ」と言うと芋ケンピを想像するかもしれないが、このケンピの原材料は小麦粉と砂糖で、見た目的には、シンプルなスティック型のビスケットだ。しかし、その堅さはスーパーなどで売られているそれの比ではない。何の予備知識もなく一口目で噛み砕けたという奴は猛禽類か何かだろう。

これは前歯で噛み続けると最悪の事態が想定されるので、もう最初から奥歯でいった方がいい。奥歯で砕いてから、食うという感じだ。食い物の話をしているはずなのに「まず足を狙って、動きを封じてからボコる」みたいな物騒な話になってきた。

味はというと、実に素朴な甘味である。率直に言うとすごく美味いわけではない。だが、この「すごく美味いわけではない」というのはこの場合美点である。

博多通りもんなど旨みが過剰な菓子は、「なんだこれ、うめえ」と次から次へと食ってしまうため、すぐになくなってしまう。その間大体30秒ぐらいだ（もちろん一箱にかかる時間）。

別にそれが一心不乱に通りもんを食う時間なら良いが、例えば原稿中、つまみとしての菓子としては30秒でなくなるのは困る、原稿を45秒ぐらいで終わらせなければならなくなる。

その点このケンピはいい。美味さも控えめでさらに堅い、すごく長持ちなのだ。それにこういう菓子こそ長く愛されるというか「なんとなく買っちゃう」ものなのだ。前に福岡に行った時、通りもんではなく「堅パン」を買ってしまったのも、そんなに美味いわけではないとわかっているが、見たらなんとなく買っちゃうからなのである。

このように一見、昔から愛される素朴なお菓子「ケンピ」だが、やはり土佐というか幕末ロックな部分が随所に見受けられる。

まずパッケージ裏に「お願い」という体で「最近パクリのケンピが元祖とフカして売ってあるが、うちが元祖だ、必ずうちのを買え（意訳）」と書かれてある。

おこである。お怒りはもっともだが、それをパッケージに書いちゃうのはすごい。だがよく考えて欲しい。現代日本はたとえ正当な主張であってもそれがしづらい雰囲気だ。パクリや無断転載だってそれをやめてと言うと「パクリじゃなくてオマージュでありリスペクトだ、この程度で心が狭い」「ネットにアップしといて転載されたくないとかどうなの？」とまるで、被害者が悪いことをしたみたいに言われてしまう。そうなると「もう何も言わない方がいい」と泣き寝入りになってしまうことも珍しくはない。

そんなポイズンな世の中にドロップキックなのがこのケンピだ。

俺は正しいと思ったことは言う、それもツイッターの捨てアカとかではない、もうパッケージで言っちゃう、という心意気である。

　名を明かして自分の意見を言う、というのは必ず反論される恐れがあるということでもある。それが出来るのは自信があるからだ。この自信があるものを自信を持って出すということが、現代ではしづらくなっている。すぐに調子に乗っていると叩かれるようなありさまだ。そんな世の中において、このケンピの姿勢は唸らざるを得ない。

　だがケンピの魂はそこだけに留まらない。パッケージにはさらにこう書かれている。「パクリにはまねできない土佐唯一の銘菓として全国に知られている」と。

　言い過ぎではないだろうか。こちらが緊張してきた。

　多分、土佐には他にも銘菓があるのでは、と思うが、これだけ言い切るぐらいだから、土佐はケンピに制圧されており、本当にケンピがワンアンドオンリーなのかもしれない。

　ちなみにこのケンピ、グルメ漫画『美味しんぼ』にも掲載されたことがあるらしく、菓子と一緒にそれが同封されていた。それによるとケンピという名前は、犬の皮を揚げた朝鮮の菓子に似ているのでケンピと名付けられたということらしい（注：語源には諸説あり）。

　異国の文化にケチをつける気はないが、昔から犬は友達と勝手に思いこんでいる日本で「ほう！　ワンちゃんの皮ですか！」とテンションが上がるのはいまのところ少数派だと思う。食は誰も傷つかないピースフルな話題と言ったが、やりようによってはいくらでもロックになることができるし、人をドンヨリさせることができるとわかった。

うなぎは貧乏人の敵だが、タレは得難き友

【ひつまぶし】

愛知県

先日東京出張から帰ると冷蔵庫に「ひつまぶしセット」と書かれた箱が入っていた。結論から言うと、これが今回の名産なのだが、実はこれが担当から送られてきたテーマだと気づかずに食ってしまうところだった。

平素、道に落ちている物でさえとりあえず口に入れてみる派なので、冷蔵庫にあるものなんて何の疑問もなく食うに決まっている。出どころなど気にするはずがない。

だが、すんでの所で、すでに家人により捨てられていた包装紙の宛名に書かれた担当の名前を見て「これが今回のテーマだ」と気づいた次第である。

また、そこまで気づかなかったのは、毎回テーマは菓子、それも片栗粉を水で溶いた系の地味な物が来ると思っていたので、いきなり「ひつまぶし」なる華のあるものとは思いもよらなかったせいもある。

「ひつまぶし」

言わずと知れた名古屋の名産で、うなぎの蒲焼を細かく刻んでごはんにまぶした料理のことである。

うなぎというのはまず我が家の食卓には並ばない。高いからだ。

スーパーで買ったとしても一〇〇〇円ぐらいはするので、どうしてもそれで、豚バラのコマ切れが何パック買えるか考えてしまうのだ。逆に言うと、いつも回しているソシャゲの十連ガチャ一回で、うなぎが三パックぐらい買えるのだが、これは価値観の問題である。

よってこのうなぎの襲来に色めきたったわけだが、この「ひつまぶしセット」には幾多の問題があった。

まずパッケージには思いっきり「一人用」と書かれていた。

残念ながら、私は夫と二人暮らしである。それに荷物を受け取り中身を冷蔵庫に入れたのは夫であるから、確実にこのひつまぶしの存在を把握している。

他ならぬうなぎの為であるから「夫を殺害する」という選択肢もあったが、向こうだってうなぎの為ならこっちを消したいだろう。相打ちの恐れがある。

よって、この一人前のうなぎを二人で分けて食べることとなった。

それだけでも相当厳しいのに、このひつまぶしセットのうなぎ、一人前にしても量が少ない。ひつまぶしセットというよりはひつまぶしトライアルキットである。もうはっきり書こう「七切れ」だ。かなり小さめのうなぎ一枚をさらに七つにカットしている。

大きさの表現が難しいが、このうなぎで局部を隠して外を歩こうと思ったら、モノの大きさにもよるが、大体の人が逮捕されるぐらいと思ってくれればいい。

しかもまさかの奇数だ。私がもらったものなのだから、遠慮なく四切れいただければよかったのだが、変な見栄と遠慮が出てしまい、ついつい夫に四切れ与えてしまった。

この時点で私に残されたうなぎは三切れになった、これでは乳首が隠せるかも怪しい。さらに、このひつまぶしセット、うなぎの量に対し、食い方の提案が多いのである。

まずプレーンでごはんにのせていただき、次に付属のネギや海苔などの薬味をのせていただき、最後のこれまた付属のダシをかけていただくという寸法だ。

三切れに対し、食い方三種類である。実行するとしたら、うなぎ三切れで飯三杯食うという、どこの貧乏下宿生かという状態になってしまう。

よってもう、最初から薬味を全部のせ、茶漬けでいただくことにしたのだが、ここであることに気づいた。

このひつまぶしセット、一人前と銘打ってあるのに、付属のうなぎのタレが二袋もあるのだ。

古（いにしえ）より、うなぎは貧乏人の敵だが、タレは得難き友だと言われてきた。うなぎ本体はなくとも、タレを飯にかけることによりそれはもう「うな丼」なのである。

……貴様結局タレで何とかするつもりだな！

「ブスにたくさん光を当てて美人に仕立て上げよう」と

するような所業に、キレかけたが、このひつまぶしセットに罪はない。

何故なら、うなぎはやはり高級品なのだ。

そして、このセットは、金額はわからないが割とお手頃なお値段なのだろう。ひつまぶしをお手頃価格で、ご家庭で楽しめるようにしようと思ったら、やはりうなぎの量を絞るしかない。むしろタレ二倍なのは企業努力、サービス精神と言っていい。

肝心のうなぎだが、もちろん美味かった。しかし如何せん三切れである。タレだくにして、ちょっとずつ食うしかない。

今回わかったのは、高級な物を安く食おうとすると逆に貧乏臭くなるということである。うなぎを食うときは、金を気にしてはいけない、もうそういう食い物なのだと思った方がいい。

よって今後、うなぎを自費で食べるときは、スーパーで最安値のうなぎをさらに二等分して食うなどということはせず、もっと豪華にしたい。

今のところ、そういうことが出来る日は「心中前夜」ぐらいしか思いつかないが、その時は飯をおかずにうなぎを食うぐらいはしたいと思う。

赤福先輩、相変わらずマジこしてますね！

三重県

【赤福】

今回のテーマとなる名産は受け取った瞬間わかった。箱に144ptぐらいのフォントサイズで「赤福」と描かれていたからだ。

名産というものは総じて自己主張がキツい。しかし、地域を代表しようという者の声が小さくてどうする。文字を8ptぐらいにして色をグレーにすればオシャレになると思っていそうなクソデザインに鉄槌を下す、これでもかの「赤福」。ぜひ私の大好きな「創英角ポップ体」バージョンも作って欲しい。

ちなみに以前のひつまぶしは私の留守中に届いてしまったが、今回の赤福は夫の留守中に私が受け取った。よってモノが赤福だろうがレアメタルだろうが一人で食うことができる。

ただ、夫はあんこが苦手なため、どちらにしても分け与える必要はない。ままならぬものである。

この「赤福」であるが、銘菓としてはメジャー級だろう。餅をあんこで包んである菓子だ。私も知っているし、食べたこともある。そして好きだ。だが前述の通り、あんこが苦手な人間には嬉しいものではないだろう。

しかし、あんこが苦手な人間にも二種類いる。「あんこよりハンバーグが好き」という人間と、「こしあんなら食べれる」という人間だ。とにかくあの小豆の皮が容赦ならねえ、あれが歯に挟まった日には、糸ようじでリストカットしてしまうというタイプだ。その点で言うと、赤福はこしあんタイプなので安心である。

前置きが長くなったが、ともかく食べてみなければならない。

箱を開けると、ピンクの包装紙に赤字で赤福と書かれたお馴染みのパッケージが現れた。「変わりがなくてなにより」といった風情だ。

しかし、包装紙をはがし箱を開けた時点で私の手は止まった。箱の中にさらに箱が三つあったのだ。

「私の知っている赤福ではない」

私の知っている赤福は、個包装でないのはもちろんのこと、仕切りすらなく、箱全面に赤福が張り巡らされ、ほとんど一つになっている「キング赤福状態」であり、それを皿などに取り分けるか、それすらも面倒くさいなら弁当スタイルで食うしかなかった。

よって赤福は、銘菓としてはメジャー級でも、会社などに「皆様で召し上がってください」と渡す贈答品としては八軍なのだ。取り分ける手間、皿を洗う手間、とにかく事務員のいらん仕事を増やす。世の中には配るべき菓子を一人で着服してしまう者もいるというが、赤福の

場合だけは無罪である。

よって箱から箱が出てきたとき、もしかしてこれは赤福ではなく信玄餅なのでは、と思ったし、箱から箱が永遠に出てくる可能性も考えた。だが、その箱からはちゃんと赤福が二つ出てきたし、さらに底が紙トレー状になっており、皿に分ける必要もないのだ。

だがもちろん赤福自体は変わらない。これで「あんこの代わりにガナッシュチョコで餅をくるみました」とかになっていたら誰も買わないし、そんなものは8ptグレーフォントの「AKAFUKU」であり、赤福ではない。

変えるべきところは変え、変わらないところは変わらない、さすが御年三百歳の赤

福先輩である。

私はその赤福先輩に今回数年ぶりに会ったのだが、一目見て「こしてるな」と思った。私の後輩力が高かったら「パイセン相変わらずマジこしてますね！」と言うところだ。

前述の通り赤福はこしあんなのだが、そのこしっぷりが変態レベルなのである。何がそこまでさせるのかというぐらいこしており、餅が透けて見えるんじゃないかと思う。そのぐらいあんこが艶やかなのである。

餅をあんこで包むという逆転の発想スタイルはおはぎと同じであるが、同じスタイルでもおはぎはあまり得意ではない。あんこがつぶあんなのは良いが、中身の粒が残った状態のもち米が気になるのだ。

よく考えたら赤福先輩は、おはぎに対し「粒が粒が」とガタガタ抜かす連中を「ここまでやれば文句ないだろう」と黙らせる存在な気もする。

だが気になるのは、赤福がこの個包装版を出し始めたのはいつなのだろう。もしかしたら結構前からこうなっていたのだろうか。それ以前に「最初からこうだった」恐れもある。

だとしたら今まで私が買ってきた赤福はなんだったんだろうか。
「ゴリラ用」だったのかもしれない。

たこ焼きとは違うということを胸に刻め

【明石焼き】

兵庫県

今回のテーマ食材も来た瞬間にわかった。

箱に力強い筆書きで「明石焼き」と書かれているからだ。

やはり名産というものは物怖じがない。開けるまで何が入っているかわからない上に、クソが出てくるソシャゲのガチャは見習って欲しい。

話は変わるが、皆さんは「あなたの地元の名物は？」と聞かれたら何と答えるだろうか。九割は「何もない」と答え、残りの一割が「巨大な男根像を奉る祭がある」と答えるだろう。

中には「あるだろう、琵琶湖とか」と言うような、全国的に有名なものがある場所の出身者でさえそう答えたりするのだ。

これはスカしているというわけではなく、何せ本人にとっては地元なため当たり前になりすぎていて、珍しいという意識さえなくなっているからである。つまり、出会い頭にビッグフットと衝突するような「UMA注意」という標識があるような町の出身者でも、本人から言わせると「何もないところ」なのである。

そんな、平素地元を意識してない人間でも等しく郷土愛を発揮してしまう瞬間がある。

それは「わかってない奴」が現れた時である。

私は「明石焼き」の文字を見た瞬間、「あのたこ焼きっぽいやつだな」と思った。これはおそらく地元の人にとってはイラッとくる発言なのではないだろうか。もしその場に明石の人がいたら、私の首は胴からTAKE OFFしていたかもしれないし、穏健派の人でも静かに一枚一枚私の爪をはがしながら「違うよ」ぐらい言うかもしれない。

私も山口県出身だが「山口の人って全員総理大臣なんでしょ」と言われたら、イラッとくるかは置いておいて、結構なでかい声で「違う」と言ってしまうだろう。

いつもは地元に興味なんかないと思っていても、間違ったことを言われると結構ムキになってしまうものなのである。

その明石焼きの箱をあけて見ると、やはり「たこ焼きっぽいやつ」が入っていたわけだが、いつか気分を害した明石の人に殺害されるという事態を防ぐため、この際明石焼きとたこ焼きの違いを把握しておこうと思う。

まず「明石焼き」とググッたところ、いきなりトップに「明石焼きとたこ焼きの違い」が出てきた。もうこの時点で静かな怒りを感じる。明石焼きの概要より、まずたこ焼きと違うということを、胸に刻め（明石焼きのレシピをカッターで彫るなど）というわけである。

その違いは、明石焼きは主に玉子で出来ており（たこ焼きは小麦粉が主）大変柔らかく、ネギや紅しょうがを入れるたこ焼きと違い、具はタコオンリー。たこ焼きはソース、青海苔、かつお節、マヨネーズなどを乗せるものだが、明石焼きはダシ汁につけていただく、というわけである。

マジで全然違う。タコが入っているのと球体であること以外は全く別の食べ物である。

送られてきた明石焼きはまず、レンジで冷凍明石焼きを温め、付属のダシをお湯で溶いてつけて食べるというタイプだった。

私は事件を全てレンジの中で終わらせたいと思っているタイプなので、お湯を用意しなければいけないという事態に一瞬「面倒だ」と思った。

だからと言ってソースで食うわけにはいかないのだ。

漫画『グラップラー刃牙』の中で最強の生物・範馬勇次郎が「台無し」という意味で「上等な料理にハチミツをぶちまけるがごとき思想」と言ってブチキレたシーンがあったが、それと同じようにこれは「上品な明石焼きにソースをぶちまけるがごとき思想」である。

全然意味が通じない気がするが、機会があったら使いたい表現だ。

作る飯が不味い奴の最たる特徴は「説明書通り作らない」である。ちゃんと説明書通り、ダシ汁を湯で溶いた後にネギを入れ、そこに明石焼きをつけて食べた。

主な材料は玉子というだけあって、玉子の風味が強く、柔らかい。ダシ汁ともよく合っているし、このダシが美味い。ソースをつけなくてよかった。

今回改めて明石焼きを食べなければ、一生明石焼きのことを「たこ焼きっぽいやつ」と思ったまま死んだであろうから、今回は非常に学びがあった。

だが実はこの明石焼き、二パックに対しダシも二つついていたのだが、一パックでダシ二つを使いつくしてしまったのだ。

お湯の量が多すぎて、薄くなってしまったため、仕方なくダシを二つ使ったのである。この「分量が適当すぎる」というのもメシマズの大きな特徴だ。

では残りの一パックをどうやって食うか。己の性格上、自らダシ汁を作って食べるというのは考えられない気がする。そして冷蔵庫にはソースがある。

もしこの連載がここで途絶えたら、明石出身の範馬勇次郎に頭の皮をはがされて死んだと思ってほしい。

夜のお菓子、真夜中に大進出

【うなぎパイ】

静岡県

メジャーどころが続いて恐縮だが今回のテーマは「うなぎパイ」だ。

メジャーすぎて類似品がクソほど出てしまっているのだが、今回は本家「夜のお菓子」こと春華堂(しゅんかどう)のうなぎパイである。

しかし、夜のお菓子ときた。「夜の」と「俺の」をつければ何でも下ネタになることはあまりにも有名である。「夜の寛永御前試合(かんえいごぜんじあい)」なんてもう、将軍様の前で何してけつかるねんという話だ。

しかし、春華堂の主張する「夜のお菓子」は「家族団らんのためのお菓子」という全く健全すぎる意味だ。

そもそも「夜の」と聞いて下ネタを連想するのは平素から頭の中がエロでパンパン

な奴だけである。

つまり誰も「夜のお菓子」を止めなかった、ということは製作に関わった人間は全員死ぬほど健全ということである。パステル調の部屋でホットミルクを飲みながら「家族団らんなら、夜のお菓子とかいいんじゃないかしら」「すごーい」「たのしーい」で決まったのだと思う。

この菓子は育ちがいい。信用できる。

私みたいなのが一人でも混ざっていたら「なるほど、両親が団らんして、家族が増えるよやったねたえちゃん！　ということですね」などと言い出して、このキャッチフレーズは闇に葬られたに違いない。

それより、うなぎパイだ。

うなぎパイとは平べったく長い棒状のパイだ。形をうなぎに見立てているだけかと思ったら原材料にちゃんと「うなぎ粉」が入っている。しかし、うなぎの味はしない。だがおそらくしない方が美味い。

そう、うなぎパイは美味い。シンプルな材料に素朴な甘み、決して派手ではないが、あのサクサク感がたまらない。

あのサクサクのためにかなりバターを使っていると思うので、デブ製造機であることには間違いなさそうだが、もしうなぎパイを開封して、リアルうなぎで言うところの肛門あたりで止めて、また明日食べようとなる奴がいたら正気を疑う。

銘菓の老舗（しにせ）には赤福パイセンのようにほぼ一点張りのところもあるが、春華堂は、ほかにも多数の商品を出している。

その中に「お菓子のフルタイム」と呼ばれる、知る人ぞ知る、知らない人は浜松（はままつ）市民でも知らない謎の詰め合わせがあるという。

「お菓子のフルタイム」は「夜のお菓子はあるのに、朝と昼はないのか」という、ツイッターだったら「クソリプ」と言われる、お客様の声から生まれたセットだそうだ。

まず朝のお菓子は「すっぽんの卿（さと）」だ。

春華堂は健全会社と言ったが、さすがにコレはわざとじゃないだろうか。しかし、春華堂はすっぽんの菓子を出しただけでそれ以上何も言っていない。すぐソッチを連想するこちらが悪いのだ。つまり「試されている」のである。

なぜ朝のお菓子かと言うと「食欲のない朝でもサクッと食べられる」という意味らしい。

「食欲ないから、軽くすっぽんでいいよ」となる奴はそうそういない気がする。おそらく調子が良い時は朝から牛一頭ぐらい食ってる奴向けなのだろう。

ちなみに形だけでなくちゃんとすっぽんスープも配合されているようだ。

ここで「朝からそんなに元気になってどうするの」などと言った奴は負けである。


昼のお菓子は「しらすパイ」だ。

ここで「さては朝とか昼とか関係ねえな」と気づいたわけだが、このしらすパイはグラニュー糖をかけた甘口と、わさびをきかせた辛口がある。つまり、甘口と辛口を交互に食べれば永遠に食えるということである。恐ろしいことだ。

そして夜のお菓子は我らがうなぎパイなわけだが、お菓子のフルタイムはここで終わらない。延長戦、むしろここからが本番だ。


一時、うなぎパイ界隈を騒然とさせた「真夜中のお菓子」こと「うなぎパイV．S．O．P．」、満を持して登場である。

「うなぎパイV．S．O．P．」とは。

芳醇な香りとマカダミアナッツとゴマの香ばしさ、水の変わりに生クリームと牛乳を使用、さらにはブランデーまで入っているという贅沢品。まさにうなぎパイを超えた最高級うなぎパイなのである。

と、担当が添付してきた資料に書かれていた。そしてその後に「お送りしてない菓子について長々と説明してすみません」と添えられていた。

そう、担当から送られてきたうなぎパイはスタンダードなもので「うなぎパイV．S．O．P．」は入っていなかった。つまり、ただ猛烈に食べたくなっただけである。

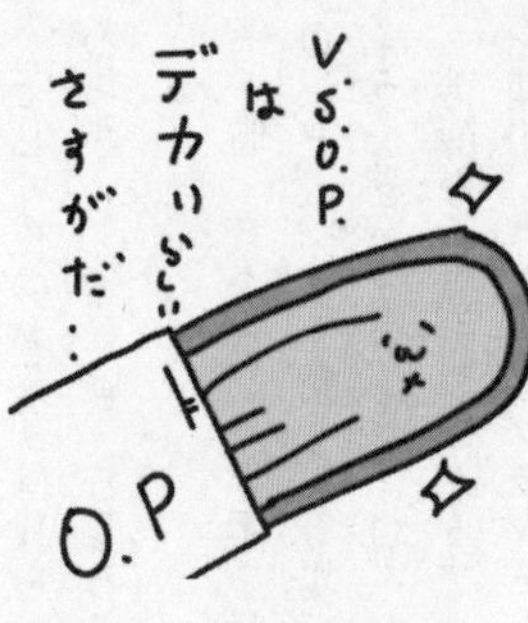

その代わりなのか、うなぎパイの他に「うなぎボーン」という商品が入っていた。うなぎの骨を揚げて味付けした、カルシウム満点のおつまみである。

そして担当の手紙には「見た目が抜殻っぽくてカレー沢さんが食べられるか心配なのですが」と書かれていた。

多分そう言われなかったら「抜殻っぽい」などと思わずおいしく食べることができた。

「夜のお菓子」や「すっぽん」が狙ってやってるかはわからないが、担当は間違いなく狙っているので、こちらも負けずに奴の心臓や眉間を狙おうと思う。

食欲ないから、朝はすっぽんでいいよ

【すっぽんパイ】

静岡県つづく

みなさん「すっぽんパイ」をご存じだろうか。「うなぎパイ」の類似品のように聞こえるかもしれないが、発売したのは他でもない元祖うなぎパイの春華堂である。「すっぽんパイ」は春華堂がこの春打ち出した新商品だ。うなぎが当たったから次はすっぽん、という思いつきで作られたようにも見えるが、うなぎパイはすでに誕生から五十七年（初老だ）であり、思いついたにしては遅すぎる。

そう、「すっぽんパイ」は今思いついて出来たのではない、ずっと前から思いついていたのだ。

「次はすっぽんや」と思いついたのは二代目社長だ。そして一九七〇年、すっぽんのお菓子「かちもち焼」が誕生した。

みなさん「かちもち焼」を知っているか。おそらく知らないだろう。

消えているからだ。

なぜ消えたかというと、多くの消えた商品がそうであったように、売れなかったからだ。売れなかった、と言っても「うなぎパイほど売れなかった」という話だ。


どの業界でも一発ヒットを出したが、次が続かないというのは良くある。むしろ一発当ててしまったからこそ、次がそれと比べられてパッとしないということもある。漫画界で言えば、高橋留美子(たかはしるみこ)御大のように出すもの全て売れる天才もいるが、一方で……これは実例を出すと角(かど)が立つので控えるが、それでも一発当てただけでも大したものであり、私のように一発も当てず死ぬ奴の方が大多数なのだ。

よって春華堂も五十七年も続く銘菓うなぎパイを輩出した時点で、大金星なのだ。

しかし春華堂は「二匹目」を諦めなかった。

一九八三年、すっぽん菓子第二弾「すっぽんの郷」[*1]がリリースされた。しかし、これもふるわなかったようで、今では単品販売はなく「お菓子のフルタイム」セットの中の一つとして残るのみだ。

結果として二回も成果が出せなかったのだ。おそらく多くの人間がこう思うだろう

「すっぽんはダメなのでは」と。

漫画だって野球漫画で二回コケれば、次はバブルサッカーとか方向転換をはかるだろう。しかし春華堂はすっぽんを諦めなかった。

ちなみに私は、猫の漫画をたくさん描いているのだが、どれも売れてない。だからと言って他の動物にしようとは思わないし、これからも猫を書くだろう。これは猫が好きというのもあるが「他に思いつかない」からだ。

よって春華堂も「すっぽん以外何も思いつかねえ……」という状態なのかもしれないが、二〇一七年、二代目社長の御霊（みたま）に報いるべく、すっぽん菓子第三弾「すっぽんパイ」が誕生した。

かちもち焼から四十七年、もはや執念である。

しかもこの会社がかけているのは年月だけではない。

「うなぎパイ職人師範制度」

やはり五十七年もやっていると色々起こるようだ。

ちなみに、聞いた話だが、現在うなぎパイ職人は全員男性で、商品への異物混入を防ぐため、自主的に体毛を剃っている人もいるのだという。
半端ではない商品へのこだわりだ。もちろん、他社類似品も品質管理はちゃんとし
ているだろう。しかし「おっさんの体毛混入の可能性を1%でも減らしたい」という
場合は、やはり春華堂のうなぎパイを買うべきなのである。
このように、自社商品が生まれるまでのエピソードが特濃すぎるのだが、すっぽん
パイは食欲のない朝でもサクッと食べられる「朝のお菓子」と銘打ってある通り、う
なぎパイに比べるとあっさりした味わいだ。
パイというより、クラッカーに近い食感で、すっぽんの他、桜えびや鰹節を使用し
ているからか、ほのかに魚介の風味がするが、クセはなく、確かに朝食べやすい。
それに朝というのは元気がないものだ。
少なくとも、一週間中五日は元気がない。会社を辞めれば七日全部元気になるが、
そうもいかない。
よって、朝はウソでも良いから、会社に行く気力が出る物を摂取したいのだ。かと
言って朝から、すっぽんの生き血をすするのは難しい。むしろすっぽんをさばいた時
点でかなり消耗してしまっているだろう。
しかし、すっぽんエキスみたいなサプリを飲むだけでは味気ない。その点、すっぽ

んパイはすっぽんエキス配合の上に、美味い。美味いので寝る前に一箱全部食ってしまった。おかげで元気に寝れたと思う。

私は売れたことがないのでわからないが、一発何かを当てたら「もうそれでいいや」となってしまう気がするし、その財産で食っていくというのも全然ありだ。しかし、春華堂は半世紀たった今でも「越えるもの」を諦めていないのである。[*2]

そんな老舗の根性と執念を一度食べてみてはどうだろうか。

＊1　二〇一七年夏、「すっぽんパイ」の登場により「すっぽんの郷」は終了した。

＊2　二〇二〇年夏、「すっぽんパイ」は生産中止が発表された。おのれコロナ。

選ばれし老女が生み出した禁断の果実

【バター餅】

秋田県

それは突然やってきた。

今までテーマとなる食材が送られて来る時は担当より「送りました」というメールが来ていたのだが、それすらなく、送られてきた荷物にもテーマ食材と納品書以外、何も入っていなかった。

うなぎパイの時にはやたら細かい資料が入っていたというのに、前回で何もかもが嫌になってしまったのだろうか、早すぎる。

このように担当が自暴自棄、筆者は歯周病という状態でも、食べ物というのは等しく美味いのだからすごい。ただそんな尊い食物をおいしく食べるためにも歯は大事にした方が良い。私が皆さんに伝えられる有益情報はそれだけだ。

そんな壊滅状態の本部に寄こされた今回の食材だが、一目見て「ラッキーだ」と思った。

別に食材の代わりにグーグルプレイカードが入っていたわけではない。そうだとしたらもはや手切れ金を渡される段階だ。ラッキーだと思ったのは、それが前から食べてみたいと思っていたものだったからである。

その銘菓の名前は「バター餅」だ。

数年前、わが国が誇る日照時間最下位県、秋田が新しいパワーフードを打ち出して脚光を浴びていると聞いた。それがバター餅である。

バターと餅、これだけでもう強い。最強×最強であり、性格の悪いブスだ。

今考えうる限りで最も悪いたとえを言ってしまい申し訳ないことをした。つまり鬼に青龍偃月刀（せいりゅうえんげつとう）と言いたかったのだ。

私も、伊達に太るために生まれてきたわけではないゆえ、炭水化物にバターと言われたら黙っていられない。しかし秋田の名産だ。これからの人生、秋田に用があるとしたら、梅林園（ばいりんえん）に行くぐらいだろう。なぜ梅林園かは各々（おのおの）ググってほしい。

そんなわけで、思いがけずあこがれのバター餅が手に入ったことにより色めき立ち、歯茎の腫れも治まった。

まずバター餅の概要だが、材料はもち米、バター、小麦粉、卵黄、砂糖。バターを入れることにより、時間が経っても堅くなりづらいため、マタギの保存食として重宝していたらしい。話題になったのは割と最近だが、歴史はかなり古いようだ。

炭水化物+バターと言えば、ご飯にバターとしょうゆを乗せた、アダムとイヴが食べて楽園を追い出されたことで有名な「バターご飯」をまず連想するが、バター餅は砂糖を使っているだけに甘く、どちらかと言うとお菓子寄りである。

まず食べてみないと始まらないので早速、袋を開けて食べてみた。確かに柔らかく、歯茎から血が止まらない三十代の私でも安心して食べられる。

一口食べて「うまくてまずい」と思った。

ここで言う「うまい」とはもちろん味が美味い、そして「まずい」というのは状況のことである。

餅とバターという、パワー&パワーな原材料を使いながら、バター餅は決して派手な味ではないのだ。ほのかな甘みに、過剰すぎないバターの風味が追いかけてくる。美味い。

そして、地味に美味い、というのは逆に言うと永遠に食い続けられるということだ。餅とバターを永遠に食ったら、あとはお察しのとおりである。餅であるから、結構な物量があるにも拘わらずあっという間に一パック食べてしまった。これはまずい。北九州に行くと必ず堅パンを買ってしまうのと同じように、秋田に行ったらマストで買ってしまう、そんな食べ物である。ただ私が秋田の梅林園に行った場合は、もう二回目はない、ということになるが、もしそれ以外で行くことがあったらぜひ購入したいと思う。

ちなみに今回送られてきたバター餅は「もちもち三角（さんかく）」という「北秋田推奨認定特産品」に指定されている商品だ。

パッケージには、おばあちゃんの絵が描かれている。ノスタルジー感を出すために、パッケージに誰かもわからない模範的老女の絵が描かれている商品は結構ある。

しかし「もちもち三角」は指定された二人の作り手（二人ともおばあちゃんらしい）が作ったもの以外は推奨品ではない、ということらしい。つまり選ばれしババアが作ったもの以外は、もちもち三角ではないのだ。も

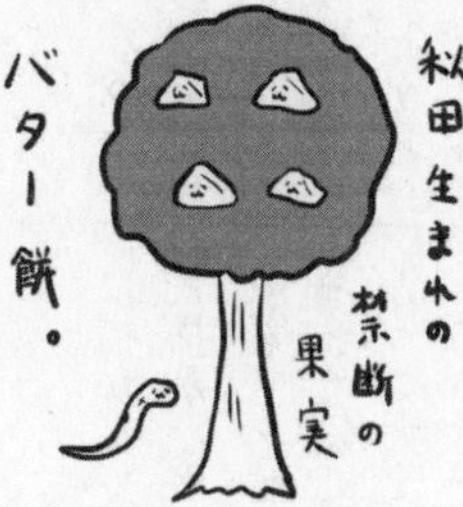

はや人間国宝である。

パッケージに描かれているおばあちゃんは、その二人の内の一人ということなのだろう。なぜ二人描かなかったのか疑問であり、もしかしたら、その二人とは全く無関係の模範的老女絵なのかもしれない。謎は深まるばかりだが、その二人に会わない限りは謎は謎のままである。

しかし、二人って大丈夫なのか。

今は落ち着いているだろうが、テレビで取り上げられた時など相当な忙しさだったはずだ。少し調べてみたが、指定人数が増えたという情報は得られなかった。

しかし「諸事情により一人になりました」というニュースを見るよりマシだ。これからも二人で、この禁断の果実を作り続けてほしい。

なんの他意もなく激似のヤツが五十も現れた

【萩の月】

宮城県

今回のテーマ食材は二つ送られてきた。

担当曰く「この二つの菓子はとても似ており、自分は己の地元にあった方がオリジナルと信じていたのだが、どうやらそうではなかったらしくショックだった」とのことである。これは銘菓のみならず、全ての業界に蔓延（まんえん）する「類似品」問題である。

特に漫画家などは、似ている、パクリ、盗作などと言われたら作家生命を絶たれかねない。幸い私は絵が下手すぎてトレースしても別物になるため、パクリがバレにくいという才能の持ち主だが、なんでも「何かに似ていない」に越したことはない。

しかし、今回は「奇（く）しくも似てしまった」菓子の話である。まずは担当が送ってきた二つの菓子を紹介しよう。

まずは先攻「萩の月」だ。

これはアナウンサーが「出たるぁぁ！　萩の月ィィ！」と、とてつもない巻き舌でコールするところだ。おそらく「全国銘菓ベスト10」等のぬるい企画には必ず登場するであろう、有名銘菓である。

そして後攻は「札幌タイムズスクエア」である。

圧倒的挑戦者感だ。ちなみに、担当がオリジナルだと思っていたのは、こっちのタイムズスクエアの方である。

もう名前からして、どっちが先に作られたかわかりそうなものだ。たとえ「札幌退無頭簾苦餌亜」と書かれていても「萩の月の方が先だろ」と瞬時にわかる。私も萩の月は知っていたが、札幌タイムズスクエアは知らなかった。

しかし、萩の月も名前は聞くが、具体的にどんな菓子だったかは記憶にない。というわけで早速箱を開けてみた。

「月でひろった卵」じゃねえか。

萩の月を見た瞬間そう思った。「月でひろった卵」とは、我が故郷山口が生んだ銘菓である。

「ＣＨＡＬＬＥＮＧＥＲ！」という文字と共に、リングに第三の戦士登場である。

開始4秒でリングにタイガーマスクが三人いるような状態だ。この時点で、奇しくも偶然に神の悪戯で萩の月に似てしまった菓子は、一つや二つではないと直感した。

そこで調べてみたところ、なんにでも先人はいるもので、萩の月に似た菓子をまとめているページを発見した。それによると、萩の月になんの他意もなく似てしまった菓子は少なくとも五十はあるらしい。これはもうバトルロワイヤルで決着をつけるしかない。


では、何故か偶然似たようなものになってしまう「萩の月」とはどんな菓子なのか。

生まれは昭和五十四年（私より年上なのでパイセンである）。

当時一番人気の洋菓子であったシュークリームと、贈答品として人気のあるカステラを組み合わせた、カステラ生地にカスタードクリームを包んだ一品である。その形状を満月に見立て「萩の月」と名づけられたそうだ。

カステラにカスタードクリーム、不味いはずがない。実際食べたらやはり美味かった。そしてこれは、子どもの時食べても美味いと感じただろうし、八十歳になって食べても美味いと思うだろう。私の歯が一本でもあれば。

菓子は年代によってウケるものが違う。かりんとうを与えられて喜ぶ子どもは少数派だろうし、「ねるねるねるね」でテンション爆上がりする老人も少ないだろう。その点、萩の月は老若男女受け入れられそうだし、海外の方の口にも合うんじゃないだろうか。土産物としては最適である。

似たようなものが多いというのは、それだけ広く受け入れられているということである。なんでも斬新であればよいというわけではない。新しい大爆笑ギャグを見つけたと思っても、ググってみたら同じことを考えている奴が一〇〇人ぐらいいるものだ。だがそれを面白いと感じた奴がそれだけいるということである。

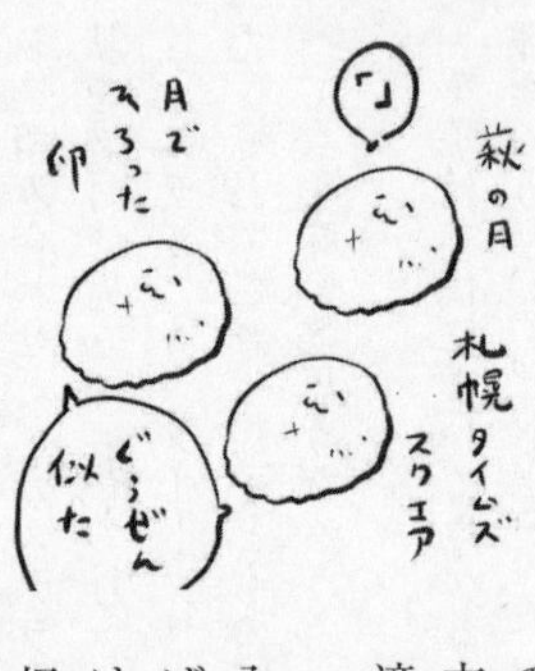

逆に検索結果「0件」のギャグがウケるかというと、ギャグにすらなってない場合が多い。「スポンジ生地に砂利を包んだ菓子」なら、類似品はないだろうが、もちろん売れないはずである。

よって萩の月の類似品が多いのは、それだけ良いものだから、という単純な理由もあるだろうが、調べてみると、もう一説あった。

萩の月製造マシーンを作っている会社と、萩の月の会社は現在契約が切れているため、萩の月製造マシーンは他の会社でも買えるらしいのだ。つまり、萩の月的菓子は作りやすいのである。

結構ファジーな理由であったが、もちろん萩の月に若干似ている菓子を出しているところも、萩の月を完コピしてやろうとは思っていないようで（そのつもりだったら「萩の月」とか言って売るはずだ）、例えば先のタイムズスクエアなどは、北海道産の小豆を入れたり抹茶味を出したりとオリジナリティを出しているし、月でひろった卵も栗を入れている。

このように模倣から新しい発想が生まれることも多いので、なんでも盗作だと言って芽を摘み取ってしまうのも考え物である。

だがもちろん権利を主張するのも悪いことではない。しかし、萩の月に似ているという菓子は五十以上あるのだ。これら全てを相手取り、訴訟などを起こしていたら、確実に萩の月を作る時間がなくなるだろう。

もみじ饅頭界への殴りこみ

【もみじ饅頭】

広島県

今回のテーマは「もみじ饅頭」だ。

これも超メジャー菓子であり、これを渡されて「どこに行ってきたの？」と聞く人間は、帰国子女か隔離収容所にいた可能性がある。

言わずと知れた広島の銘菓であり、私は山口県の人間なので昔から割となじみがある。ほぼ確実に学校の修学旅行か社会科見学で広島に行くからだ。そこの土産物屋で広島とは全く関係ない、中学生の心を沸き立たせるためだけに存在するシルバーアクセを買い、家族への土産にもみじ饅頭を買うというのが山口のスタンダード中学生なのだ。

ここで、もみじ饅頭を知らないという東京生まれガラパゴス育ちに説明すると、名前の通りもみじの形をしたカステラにあんこが入っている饅頭だ。その歴史は古く誕生したのは明治時代だという。

前回の「萩の月」しかり、有名銘菓には類似品問題がついて回るが、もみじ饅頭に関しては商標権が切れているため、基本的にどこの会社でも「もみじ饅頭」という名前で商品を出してよい。

つまり、もみじ饅頭界には今からでも殴りこみ可能というわけである。

なぜ商標権が切れているかというと、まあ昔のことだからそこらへんが緩く、何も考えずに毎日もみじ型カステラにあんこつめてたら、更新をうっかり忘れて切れてた。とかいう話かと思ったら、どうやらそうではないようだ。

もみじ饅頭の創始者「高津常助（たかつつねすけ）」は二十年で切れる商標権の更新を忘れてたわけではないが（多分）何故かしなかった。その上、非常に職人気質な人間で「技術は盗むもの」という信条のもと、息子にもみじ饅頭のレシピを一切教えなかったという。

その結果、息子は納得いくもみじ饅頭を作り出すことが出来ず、「親父の名を汚したくない」という理由で、もみじ饅頭の製造販売自体をやめてしまったそうだ。

真面目か。

このように、緩いどころかクソ真面目な理由で元祖が早々にもみじ饅頭を手放してしまったのだ。

しかし、すごい話である。

例えば、アンパンマンのやなせたかし先生にはお子さんがいなかったそうだが、もし子どもがいた場合、その子どもが「俺はアンパンマンが上手く描けないからアンパンマンの権利は全部手放す」と言い出すだろうか。

逆に「お前はアンパンマンが描けないから権利はやらん」と言われたら、ありとあらゆる法的手段で争い、最終的に暴力を繰り出してでも説得しようとするだろう。

だが、そういう発想ではなかった。高津親子のおかげで、もみじ饅頭の権利は解放、広島は「大もみじ饅頭時代」に突入した。

その結果、複数のもみじ饅頭会社が「我こそが元祖」と言っている状態が今も続いているそうだが、買う側からしてみれば選択肢が多くて楽しいということになる。

そう、もみじ饅頭はとにかく種類が多いのだ。出している会社も多いが、その中でもさらにバリエーションが展開されまくっている。

今回サンプルとして送られてきたもみじ饅頭は「にしき堂」のものであったが、スタンダードなこしあん、粒あんから、チョコレート、チーズクリーム、もちもちした食感の「生もみじ」と、とにかく種類が多い。

一体何種類あるのか、とにしき堂のＨＰに記載されているものの数を数えて見たところ少なくとも「二十八種類」である。

多い。

「カレーに入れれば全部食える」のノリで何でももみじ饅頭に入れてしまっているのではないかと思えるが、ラインナップを見ると「ジンギスカンもみじ」のような逸脱したものは見受けられない。どれも「手堅く美味そう」だ。これだけ展開されていると一つぐらいイロモノがありそうなものだが、ここでも真面目さが垣間見える。

しかし、奇をてらった商品というのはすぐ消えるのが常であるから、もみじ饅頭も昔「スペースもみじ」とか出していたのかもしれない。出ていたとしたら何が入っていたのかご一報いただきたい。

一社でこれだから、他社も合わせると相当数のもみじ饅頭がこの世に存在することになる。一度の旅行で全て網羅することは不可能だろう。

しかし、現在ではもみじ饅頭のみならず、わざわざ現地に行かなくても各地の銘菓が通販で買えるようになっている。便利ではあるが、旅の醍醐味がないとも言える。

よって、「現地でしか食べられないもの」を出しているご当地もあり、もみじ饅頭ももちろん地元限定の名物を出している。

それは「揚げもみじ」だ。

文字通り、もみじ饅頭を棒に刺し、油で揚げた一品である。

揚げ物は揚げたてが一番美味く、逆に冷えた揚げ物にはこの世の不幸が全部凝縮されているため、こればかりは土産にはできないし、したところで油を吸った冷えたもみじ饅頭を喜ぶ奴はいない。よって現地で食べるのがマストでありベストなのだ。

そしてそれ以外の理由でも「揚げもみじ」は旅行向きだ。まず冷静に考えて見て欲しい。「まんじゅうを揚げている」のだ。欧米にはバター、オレオやスニッカーズのような菓子を油で揚げるという正気を疑う食い物があるが、これはそれに匹敵する。
いつもだったら躊躇してしまうかもしれない。しかし何せ旅である、いつもより羽目を外すために来ているのだ。逆に、旅先で名産に囲まれ「でもダイエット中だから」と言い出すほうがおかしい。
揚げもみじはそんな「旅行ハイ」にこそふさわしい食べ物だろう。食べたらもっとハイになるのでぜひ食べてみて欲しい。

幼年時代の私へ捧げたいアイス

【ちりんちりんあいす】

長崎県

今回のテーマ食材はとても暑い日に届いた。

毎回、食い物が送られてくるのは嬉しいが、何せ食ったら原稿を書かなければいけないので、数日寝かせることもままあった。

しかし今回は箱に「アイス」と書いてあるのを発見して、瞬時に包装を八つ裂きにし、箱を開け、中を確認し、蓋を閉め、冷凍庫にぶち込んだ。この間わずか3分である。

なぜ、食わずにしまったかというと、キンキンに冷えた牛頭が入っていたからではない。ちゃんとアイスが入っていた。しかし「すぐには食えないアイス」が入っていたのだ。

別に、鍋にうつしかえて火を通す必要があるアイスというわけではない。だが箱の中には、アイスが入っていると思われるケース、そしてコーン、ヘラが入っていたのだ。つまり自分でアイスをすくい、コーンに盛って食べる仕様なのだ。

つまり「そういうことをする元気がある時に食べよう」と判断し一旦保留したのである。

アイスをコーンに盛るだけで元気がいるって、どこの八十歳児だと思ったかもしれないが、このアイスは、ただ昭和のデブキャラが食う飯の如くアイスをコーンに盛れば良いというわけではないのである。

送られてきたアイスの正式名称は長崎「前田冷菓」の「ちりんちりんあいす」だ。「ちりんちりん」はこのアイスを移動販売する際に鳴らした鐘の音が由来で、最大の特徴は、注文すると販売員の人が、アイスをバラの形に盛ってくれるという点である。

形をバラ状にするアイスの移動販売と言えば、秋田の「ババヘラ」も有名だ。

ババヘラとは、売る人に妙齢の女性が多かったため「ババアがヘラで盛るからババヘラ」というド直球すぎるネーミングをされたアイスのことである。今この名前をつけようと思ったら、各所から物言いがつきそうだし、最悪炎上するかもしれない。それに比べたら「ちりんちりん」の名前は非常に優しい。

つまりこのたび送られてきた「ちりんちりんあいす」は、自宅で、バラの形にアイスを盛って食べられる、という代物なのだ。

私が子どもだったらテンション爆上がりだったと思う。保留どころか、すぐさまトライしようとして「夕飯食べたあとにしなさい」とお母さんに怒られるやつである。どうやらうちに来るのが三十年ほど遅かったようだ。

中年しかいない家に来てしまった不幸なちりんちりんあいすだが、逆に子どもよりは上手くバラの花を作れるのではないだろうか。

というわけで「元気がある時」と言ったが、私には元気がない時と、調子が悪い時しかないので、普通に元気がない時に、ちりんちりんあいすにトライしてみることにした。

もんじゃ焼きを食べるような鉄製のヘラでアイスをすくい、コーンに盛っていくわけだが、これが凄く難しい。

私が菓子のビニール包装すら上手く剝がせず、いまだに歯で開ける逸材だということもあるが、まず、アイスを花びら状に削り取るのが難しい。「花びら」というより「花粉」になってしまう。しかしそれも無駄には出来ないので、とりあえずコーンに

盛る。結果、花粉症なら即死するような、花粉オンリーのバラができた。

私が子どもだったらふてくされて泣くし、私が母親で、子どもにこれを作ってあげたとしたら子どもは「コレジャナイ」と泣くやつである。嬉しいはずのアイスが涙しか呼び起こさないのは不幸である。うちに中年しかいなくて本当に良かったし、アイスで泣く中年もいなくて良かった。

形は明らかに見本と違うが、もちろん味は大丈夫である。ちりんちりんあいすは、アイスというよりはシャーベットに近い食感でミルクセーキのような味わいだが、「アイスだがカロリーは低い」と謳(うた)われているように、さっぱりしている。夏に屋外で食べるにはちょうどいい。

プレーンなミルク味に加え、いちごや、チョコ、長崎らしくカステラ入りなどもあるようだ。

私はカップアイスにカステラが埋め込まれている（細かく切ったものではなくスタ

ンダードな一カット）男らしいカステラアイスを見たことがあるので、これもバラにカステラが突き刺さっている前衛的なやつかな、と思ったら、アイス自体にカステラが配合されている模様だ。

種類を選んでおとりよせできるようなので、子どもがいる家庭へのお中元にしたら喜ばれるだろう。

だが、もし私の子ども時代に、このちりんちりんあいすがうちに来たとしたら、四歳年上で私より器用な兄の方が上手く作っただろうし、それを見て私はふてくされて泣いたと思う。大人しい兄に食ってかかったかもしれない。

そういう家庭ではケンカの元にもなるかもしれないちりんちりんあいすだが、アイスで大いに泣いたり笑ったりできるのは、やはり子どもの時だけなので、子どものうちに、泣いたり笑ったりしておけばよいと思う。

甘い牛乳が恋しくて

【レモン牛乳】

栃木県

今回のテーマ商品を見てまず「なつかしい」と思った。

その商品を知っていたわけではない。ただ交番の前を通るとき、身に覚えがないのに斜め上一点を見つめながら早歩きになってしまうように、このパッケージを見たら多くのSU（昭和生まれ）が「なつかしい」と感じ、片やHU（平成生まれ）は「レトロかわいい」などとしゃらくさいことをぬかす、そんなデザインだ。

というわけで今回のテーマは「関東・栃木レモン」だ。

レモンの絵が描かれた牛乳パックに緑の文字でそう描かれている。イラスト、フォント、カラーリング、全てがなつかしいデザインだ。

名前だけ聞くとどういうものかわからないが、簡単に言うとレモン味の牛乳で、その見た目どおり、生まれたのは、戦後まもなくである。

もとは「関東レモン牛乳」という名前で、宇都宮の「関東牛乳」が製造を始めた。「甘い牛乳」を作ろうという「でかいハンバーグ」ぐらい単純なテーマで作られたようだが、この「甘い」というのが当時はとても重要だったのである。

今でこそ甘味にはことかかない。砂糖は安いし、セロハンテープののりも舐めれば甘い。むしろ大体のものは舐め続けると甘くなる、そんな世の中だ。

街は色とりどりのスイーツに溢れ、「インスタ映え」の筆頭となり「いいから食えよ」と言いたくなるほど写真を撮られてネットにアップされている。

しかし戦後は甘いものが貴重だったのである。よって「甘い牛乳」であるレモン牛乳は、特別な給食に出てくるぜいたく品として、絶大な子どもの支持を得たのだ。

そんな当時の子どもから見れば、甘味を前にとりあえず写真を撮り、むしろそれがメインであるかのようにスイーツを扱う現代人は異常に見えるかもしれないが、ある意味余裕ができた、豊かになったともいえる。

スイーツを見た瞬間、とりあえず遠くから石を投げて爆発物じゃないか確認したり、その場にいる人間全員をいかに葬(ほうむ)って、一人で食うかを考えるような時代が来るよりはいいだろう。

こうしてレモン牛乳は長く子どもたちに愛されたが、ある問題が起きる。少子化で、その子どもの数自体が減ってしまったのである。学校給食が主な販路であった関東牛乳にとっては大打撃だった。

商売というのは何事も需要あってのものである。

本屋に「月刊い草職人」という、誰が買っているかわからん雑誌が毎月入荷されているとしたら、それは毎月買っている、い草職人や、い草職人フェチがいるということである。逆に、買う人間が皆無だったり、採算が取れないぐらい少なかったら、商品は消えるのだ。

そういった理由で「関東牛乳」は平成十六年に廃業してしまい、同時にレモン牛乳販売もなくなってしまった。

何かが販売中止になると必ず「なんで？　好きだったのに」と言い出す者がいるが、誰も買ってなかったからだ。「好き」と「金を出して買っていた」は全く別である。

しかし、なくなると聞いた瞬間、惜しんだり、買い占めたり、メルカリで転売してしまう俺たちだ。よって、皆なくなる前に金を出して買っていたかどうかは定かではないが、「なくさないでくれ」という声だけは相次いだ。

それを受け「栃木乳業」が「関東牛乳」からレモン牛乳の製造方法を引き継ぎ「関東・栃木レモン」として復活したのである。

ちなみに引き継ぎは無償で行われたそうだ。復活を願った人間が復活後買ったかどうかはわからないが、少なくとも「みなに愛されたレモン牛乳をなくしたくない」という一心で復活がなされたのは確かである。

なぜ「牛乳」を取ってしまったかというと、某食品偽装事件から、100%でないものは牛乳という名前で売れなくなってしまったからだそうだ。どんな事件にも思わぬ余波というものがある。

こうして復活した「関東・栃木レモン」はその後テレビにも紹介されるなどして、名物の一つとしての地位を築いているようだ。
続ければいつか認められる、の好例だが、続けるにはまず需要や資本が必要なのでそこが一番難しい。しかも少子化のため、子ども向け食品でも子どもだけに訴求していては立ち行かなくなったのだ。アニメだって、女

児・男児向けにも拘わらず、あからさまに大人を狙った演出に苦言を呈する人もいるが、金を出すのは常に大人だ。そうしないとまず「続ける」ことすらできないのである。

さて「関東・栃木レモン」の味だが、「甘い牛乳」というテーマで作られただけあって、甘い。レモンと謳ってはいるが、酸味はない。そもそもレモン果汁は入っておらず、いちご牛乳レモン版という感じだ。
飲みやすく、我が家にも結構な量が送られてきたが、毎日一個飲んですでになくなってしまった。昔の子どもも好きだっただろうが、今の子どもだって好きそうな味である。

そして、昔の子ども、現中年も喜ぶ味である。

珍菓とは何だろうか

【御鎌餅】

今回のテーマ食材は、稲を刈る昔の農民の姿が描かれた包装紙に包まれており、さらに「御鎌餅（おんかまもち）」と書かれていた。

名前は判明した。そして名前からして餅であることも確かだ。しかしどこの銘菓なのかは見当もつかない。ヒントは稲刈りの絵だろうが、多分日本では米を作らない県のほうが少数派だろう。農民がラ・フランスなどを刈っている絵ならかなり限定されたと思うが、このヒントは難易度が高い。

ちなみにその日、我が家にはもう一つ、銘菓があった。京都に行った人から土産としてもらった「生八つ橋」だ。都心のアンテナショップで買ったというのでなければ、一片の曇りもない京都土産である。

そして調べてみたところ、奇しくもこの「御鎌餅」も京都の銘菓であった。

このたび送られてきた菓子は「大黒屋鎌餅本舗」の「御鎌餅」。店は明治三十年から続く老舗である。よって「鎌餅も知らねえのかよ」と思われているかもしれないが、知らねえ奴の知識というのは本当に生八つ橋止まりだったりするのだ。

そして、土産を渡す相手が、知らない奴である場合も大いにある。よって土産物というのは「そこへいった」と一発でわかるような「わかりやすさ」重視で選ばれることが多いのだ。私など無知が顔に出ているせいか、生八つ橋以外の京都土産をもらった記憶がない。

しかし万人が知っている土産が一つでもある県はまだマシである。例えば私の故郷、山口県の銘菓は?と聞かれて何か思い浮かぶだろうか。

答えは「私も思い浮かばない」だ。

ともかく、知らなかったものは仕方ないので、改めて「御鎌餅」について調べることにした。

御鎌餅自体の歴史は、大黒屋鎌餅本舗よりさらに古い。かつて京の七口(関所)の一つ、鞍馬口の茶店で出され、旅人や農民に好評だった餅を、大黒屋鎌餅本舗の初代が再現したものがこの「御鎌餅」である。

御鎌餅は、黒糖あんを求肥の入った餅でつつんだものである。鎌餅という名称は、稲を刈り取る鎌の形を模した細長い形状が由来だ。包装紙に稲刈りをする農民の絵が描かれているのはそのせいだ。

餅の皮は薄めで、あんこがたっぷり入っている。黒糖あんというと過剰に甘いイメージだが、このあんは甘さ控えめである。餅も求肥入りだけあって、二十代で入れ歯を薦められた私にもありがたい柔らかさだ。

味だけなら、ニッキ独特の香りがある生八つ橋より万人ウケする銘菓かもしれない。さすが明治から続く老舗店の商品だけあり、シンプルながら飽きの来ない味の菓子だ。

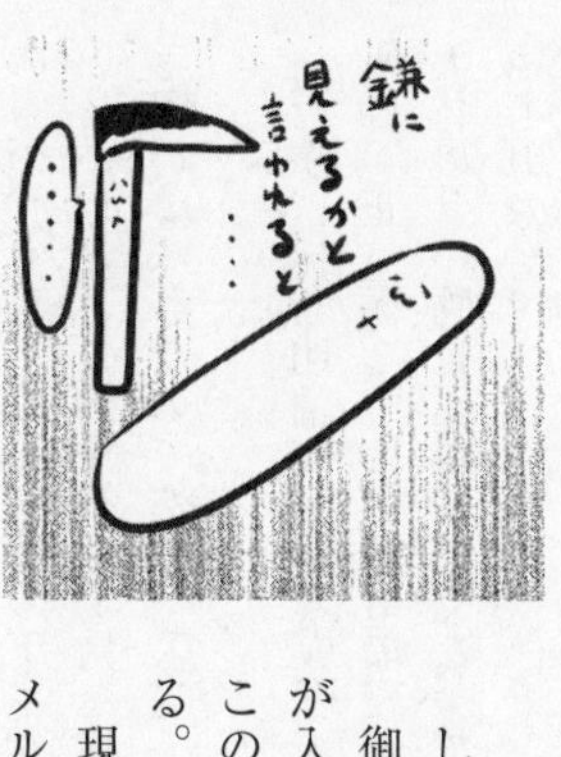

しかし一点気になることがある。

御鎌餅の箱を開けると「御鎌餅」と書かれた札状の紙が入っており、そこに赤字で「珍菓」と書かれていた。この文言と御鎌餅がはちゃめちゃにミスマッチなのである。

現代で「珍菓」と言われてたら、ジンギスカンキャラメルのような、何かしら変わっている、インパクト重視のもの、もしくはド直球の下ネタ形状をしているものを想像してしまう。

しかし、この御鎌餅は、見た目はこれ以上なくシンプルだし、味も見た目どおりの手堅い美味さなのである。「珍」という文字はあまりにも似つかわしくない。

だが、何せ明治からある菓子である。明治の人間から見たらこの御鎌餅のビジュアルは「正気か？」というものだったのかもしれない。御鎌餅が正気じゃなかったら、大体の食い物は正気でなくなってしまうが、何かしら珍しいと思えるものだったのかもしれない。

もしくは、砂糖とか黒糖とか、当時何か「貴重なもの」が使われていたので「珍」という文字が使われているのかもしれない。

それで「珍菓」の由来を調べてみたのだが、どうも有益な情報が摑めない。そもそも、この御鎌餅自体、今では珍しいぐらい情報が少ないのだ。

まずこの大黒堂御鎌餅本舗は自社ＨＰを持ってないようだ。老舗ともなるとＨＰを持ち、そこで通販をしていることが多く、現に今まで取り上げた食材にはほぼＨＰがあったため、今回はかなりのレアケースである。

さらにネット依存症の貴重な情報源ウィキペディアにも項目がない。

よって、実際、大黒堂御鎌餅本舗で御鎌餅を食べた人のレポートなどを見るしかないのだが、そこに「珍菓」に関する情報はなかった。

これは現地に行き御鎌餅を買い、そのついでに店の人に「『珍菓』ってどういう意味ですか？」と聞くしかない。

わざわざ、京都くんだりまでセクハラしに来た人のようになってしまっているが、電話とかでそれだけ聞いたら、いよいよソレなので、この方法が一番スムーズだ。

何でもネットで情報が得られる時代である。概要を見て満足してしまうこともしばしばだ。そんな中、現地で確かめないとわからない、というのはある種のロマンである。

たとえ「自分も知らないっす」等の返事が戻って来たとしても。

カロリーが粉じん爆発している

【なんじゃこら大福】

宮崎県

旅行はおろか部屋からもろくに出ない引きこもりなので、テーマになる食材を知っていることが稀なのだが、今回は知っていた。

「なんじゃこら大福」

パッケージにはそう描かれていた。

それを私がどこで知ったかというと俺たちのバイブル『美味しんぼ』だ。作中でキャラがその大福を食べて「なんじゃこら」と驚いていたシーンが記憶に残っている。

しかし、記憶に残っているのはそこまでなのである。「確かこの大福色々入っている」ぐらいまでしか覚えていない。「色々入っている」という知識だけのものを口に入れるのはなかなか勇気のいることだ。食えるものが入っているとは誰も言っていないのだから。

しかし、たまにアバンギャルドな展開がある『美味しんぼ』だが、未だかつて「砂利を食った回がある」という話は聞いたことがないので、多分、砂と石と砂利が入っているということはないだろう。

ともかく開けてみたところ「見た目」的には普通の大福が二個入っていた。

しかし、この大福、すごく重いのである。大きさがバスケットボールぐらいあるというわけではない。だったら食う前に「なんじゃこら」などとおどけたことも言えずに「ふざけているのか」とマジレスしてしまうだろう。

つまり相当な密度で色々入っている、ということである。

多分イチゴは入っている気がした。しかし、他は全然思い出せないのでとりあえず食べてみることにした。

余談だが、すべての商品がそうなのか、私に届いたものがたまたまそうだったのかはわからないが、大福の周りの粉が出血大サービスすぎて、私の机は粉じん爆発が起きそうなぐらい粉だらけになった。私のような物をキレイに食べられない人間は、全裸で風呂場で食った方がいいかもしれない。

中身は、予想通りまずイチゴは入っていたのだが、次に全く予想していなかった、塩気のようなものを感じた。クリームチーズである。そして栗、という三種類が入っていた。

デブの悪い夢みたいな豪華さである。

しかし、美味いものを全部入れれば美味くなるわけではないだろう。トリュフとフォアグラとキャビアを全部ミキサーにかければもっと美味いものができるかというと、すべての食材の良さを殺すだけだろう。

おそらく、イチゴとチーズと栗をミキサーにかけても同じようなことになるだろうから、問題はチョイスではなくミキサーだとは思うが、ともかくミキサーではなく、大福にこの三種類を入れることにより、罰当たり的おいしさになっている。
実際、罰は「体重」という形で当たると思うが、カロリーと美味さは大体比例しているものだ。しかし、質量がすごいので、この一個でおやつとしては十分満足できるだろう。
名前からして出落ちスイーツのようにも見えたが、面白みがある上においしいので土産物としては相当喜ばれるに違いない。

この「なんじゃこら大福」は宮崎県の「お菓子の日高」が販売しており、今でも人気ナンバー1の商品のようだ。

現に店の写真を見ると、所せましの「なんじゃこら」のポスターやのぼりが張り巡らされており、相当な推され方だ。一見の旅行客がこの店に入って、なんじゃこら大福を買わないというのは、初めてココイチに行ってハヤシライスを頼むぐらいの精神力がいる気がする。

ちなみにこの特徴的な名前だが、なんじゃこらと言わせるような商品を作ろうと思って作ったわけではなく、商品を試食した人が「なんじゃこら」と言ったからそう名付けられたという。

適任な人に試食をさせたと思う。

世の中にはどうにもリアクションが下手な人間というのがいる。心では大いに感動し驚いていても、仏像のような顔で、一言一句発しないやつというのがいるのだ。

そんな人間でも、試食をさせてもらっている以上、何か言わねばと思い、「いちごとチーズと栗が入っててすごい」等、「息してるからエライ」みたいな、褒めるところがないから事実だけを述べているみたいなことを言ってしまったりするのだ。

そんなリアクションをされたら、作った側も「これは失敗だったのか」と思ってしまうだろう。

素直に「なんじゃこら」と最高のリアクションをしてくれた人がいたからこそ、生まれた商品と言ってもいいかもしれない。

このお菓子の日高は、なんじゃこら大福の他にも多数のオリジナルスイーツを販売しているが、どれも惜しげもなく「詰まっている」。キリチーズを使った「チーズ大福」という商品もあるが、もはや大福というよりキリチーズだよね、というぐらい八割チーズだし、「なんじゃこらシュー」という説明不要の商品も人気だそうだ。

どれも確実に美味いとわかる商品ばかりだが、逆に一ミリでも「カロリー」という軟弱なものが気になる人間は、近づかない方がいい店舗である。

しょっぱい菓子＋チョコはアリなのか問題

【ROYCE'ポテトチップチョコレート】

北海道

「今回のは食べだしたら止まらないヤツです」

そう担当に言われていた。

止まらない、と言ったらかっぱえびせんか私の課金だが、さすがにかっぱえびせんは送ってこないだろう。何故ならそこらへんで売っている。課金においてはむしろ食うものを我慢してでもやるレベルだ。

よって、今回は「スナック菓子系」が来ると予想した。

そして予想通り、担当から送られてきた食材の箱には「ROYCE'（ロイズ）」と書かれていた。

「ROYCE'」

「女子どもへの北海道土産はこれにしとけば間違いない」でおなじみのロイズである。そしてロイズと言えば生チョコレートだ。

生チョコレートを「食べだしたら止まらない」と表現するセンスと食生活、やばくないか。明らかに担当の先は長くない。

短い間だったし、会ったこともないが、世話になった、というか「また自分の手で仕留めそこなった」である。

生チョコレートをえびせんのごとく食うかどうかは置いておいて、正直、女子どもの一員としてロイズにはテンションがあがる。

そもそも私には、どれだけ食い物の方が高級でも、本人の舌が七八円という問題があり、特に海外製品になると有名ブランドチョコよりブラックサンダーの方が美味くないかと思ってしまうのだ。

まずブラックサンダーが安価で美味過ぎるのが問題な気がするがロイズのチョコは日本製だからか、クセのないおいしさで、値段も手ごろ、贈呈すれば子どもは泣いて喜び女は失神するので土産としては最適、むしろ、土産にはご当地「じゃがりこ」を一本ずつ配りロイズは自分用に買うという人も少なくないだろう。

つまりもらうものとしてロイズは大当たりだ。

しかし、箱を開けて、私は頭を抱えた。入っていたのが「ポテトチップチョコレート」だったからである。

「ポテトチップチョコレート」

読んで字のごとく、ポテトチップスにチョコレートがコーティングされているヤツだ。今ではそう珍しいものでもない。

だが、令和にもなろうかというのに、この「しょっぱい菓子+チョコ」を未だに脳が拒否するという人間がいるのだ。少なくともここにいる。

文化レベルとしては火に怯える類人猿ぐらい低いのかもしれないが、竪穴式住居に住んでいた奴に今日から横穴式に住めと言ってもすぐにはウンといわないだろう。

もちろん、それらが不味くないことはわかっている。むしろ不味くないから困るのだ。

まぐろの寿司にしょうゆの代わりにチョコを塗ったというなら「不味い！　二度と食わん」と八名(やな)信夫(のぶお)の顔で言って、そのことは記憶から抹消すればいい。

だがチョコがけチップスは決して不味くない。どちらかと言うと美味い。だがどうしても「別々に食っても良くないか」という思いが拭えぬのだ。

人は、大失敗より「惜しい」方が悔しいものなのだ。つまり、ポテトチップス、チョコ、それを買った金に対し「惜しい」ことをしているのではないか。逆に言うと、チョコ、ポテト、金の全てに申し訳が立たぬこと、顔向けできぬことをしでかしてしまっているような気がしてくるのだ。

だが、それだと「貴様は『皮と中身別々に食った方がよくね？』と思いながら餃子を食っているのか」という話になる。

そう思う人間もいるだろうが少数派だろう。チョコがけチップス分離論を主張するのは、餃子のようにすでに独立かつ完成している食い物をわざわざ解体、つまり原料に戻そうとしているのに他ならず、つまりチョコがけチップスをチョコ+チップスと考えるから、別々に食った方が、という思想が生まれるのである。

ならば、最初から「チョコがけチップス」という一つの物であると考えるのが正しいのではないだろうか。

以上のように、味と言うより、自分があからさまに気持ち悪い人間になってしまうから避けているのかもしれない。つまりチョコがけチップスに「別々に食った方が良くない？」というのは我々が忌み嫌っているクソリプである。

食う前の気持ち悪い話ですでに尺が足りなくなりつつあるが、ロイズの「ポテトチップチョコレート」、食べてみたがやはり美味いのだ。

ギザギザの入った厚切りのポテトにチョコがたっぷりかかっている。チョコは言うまでもなく美味いし、ポテトも当然北海道産でおいしい。

そして、まさかと思ったが本当に「とまらない」。ポテトは厚切りでギザギザが入っているため、かかっているチョコの量も多い。正直チョコがけラスクぐらいの食いでがあるのに、一枚食べたらもう一枚食べてしまう。

ロイズがこのチョコレートチップスの販売を始めたのは二〇〇二年だそうだ。なんともう十八周年である。

奇をてらっただけの商品なら〇・五周年ぐらいで消えているはずだ。仮に私が竪穴式住居で、絶対別々に食った方が美味いと主張したところで、すでに多くのファンを獲得している定番商品なのである。

それに、ポテトチップスと生チョコ、チョコレートチップス、全部買うという手もある。せっかく北海道旅行に来たならそのぐらいやっても罰は当たらないだろう。

だがチョコレートチップスは一箱でカップ焼きそば大盛りぐらいのカロリーがあるそうだ。全部買うのは良策だが、一日で全部食べるのは下策(げさく)である。

おや？　食べづらい新食感！

【羽二重餅】

福井県

今回のテーマ食材は「羽二重餅（はぶたえもち）」である。見た瞬間「よく知っている」「なつかしい」と思った。しかし同時に「こういう字を書くのか」とも思った。

何故、よく知っているのに字さえ知らないかと言うと、ワケがある。私の父は新潟県に実家がある。よって毎年お盆には墓参りのために新潟に行っていた。

行っていた、と簡単に言うが山口県からである。控えめに言って、クソ遠い。オール新幹線で行っても6時間はかかる。

飛行機に乗ればいいと思われるかもしれないが、まず福岡空港に行かなければならないので時短になっているのか怪しいし、親父殿が飛行機というのは大体落ちる物だと思っているので、その選択肢は最初からなかった。

確かに飛ぶからには落ちる。少なくとも列車より落ちる可能性は高い。そんな親父殿のド正論により、陸路で行くのだが、いつもトータルで10時間かかった。

人体というものは10時間も乗り物に乗っていると若干おかしくなってしまうものだが、親父殿は齢七十超えて、未だにこのバンギャかよという行程で毎年新潟に行っているそうだ。

新潟までは、電車、新幹線、特急列車、バスと乗り継いでいくのだが、その中で乗っているのが一番長いのが特急列車だ。確か「雷鳥」という名前だったと思う。

今は金沢が終点のようだが、昔はこれで新大阪から新潟まで行っており、5、6時間は乗っていた。

その列車の中での車内販売で「羽二重餅」が必ず登場していたのだ。

車内販売とは、乗務員が弁当やコーヒー、土産物の入ったワゴンを押しながら車内を練り歩き、乗客に売り歩くものである。

売られている弁当や土産物は大体、列車が通過するところの名物だ。突然マカダミアナッツを推してきたりはしない。そして羽二重餅は福井名物である。

つまり、何故知っていたかというと車内販売の人が「福井名物、羽二重餅はいかがでしょうか」と言っているのを延々聞いていたからだ。何せこちらは6時間も乗っている。車内販売も一往復や二往復ではすまない。

だが逆に言うと耳でしか聞いたことがなく、このたび初めてあの時死ぬほど聞いていた「はぶたえもち」が「羽二重餅」だと知った次第である。

新潟の祖母が亡くなって以来、新潟には行っていなかったため、意外なところで数年ぶりの再会である。

しかし、再会もなにも「そういえば羽二重餅、食ったことねえ」ということを思い出した。羽二重餅も、会ったことない奴に「なつかしい」を連呼されて「こいつ誰だっけ」とさぞ困惑だっただろう。

羽二重餅とは、前述どおり福井の銘菓だ。餅粉に砂糖と水あめを加えて練った餅で、一八四七年「錦梅堂」という店が作ったのが始まりだといい、つまり江戸時代からである。相当歴史が古い。

福井で盛んな羽二重織りにちなんで作られたそうで、確かに箱を開けて見ると、薄く平べったい餅が二枚重ねてあった。

材料がシンプルなだけに、味も甘さ控えめで、とても柔らかく食べやすい。

それにしても、二十年以上名前を聞き続けながらも食べることのなかった「羽二重餅」を今になって食べるとは、運命とは数奇、長く続く銘菓だけあり、実に歴史を感じさせる上品な味わいであった、と厳かに締めようと思ったが、話はそこで終わらなかった。

送られてきた羽二重餅は二箱あったのだ。大事なものだから二箱入れたのか、と思ったが、どうやら種類が違うのだ。

「生羽二重餅」

そう書かれていた。

生キャラメルを発端に、何でも生にしてしまえブームを経た我が日本だ。羽二重餅が生になっていてもおかしくはない。おかしくはないが、この生羽二重餅、何かおかしい。

まずパッケージの情報量が半端ない。普通の羽二重餅が「食べればわかる」というぐらいシンプルなパッケージだったのに対し、こちらは「まあ食う前に俺の話聞けよ」と言うぐらい色々書いてある。

まず「食べにくい新食感」と書かれている。まさかの食べづらさ推しだ。つっこまれる前に自分で切腹しておくという高等テクである。

他にも「開封後は冷凍保存がおすすめです。(冬眠します)」「食べられる時は常温にもどしてから召し上るのがおすすめです。(眠りから目覚めます)」など、明らかに普通の羽二重餅と比べて「テンションがおかしい」のだ。

様子が違いすぎるので別メーカーかと思ったら、どちらも「マエダセイカ」製の羽二重餅だ。ここも昭和二十九年から続く店である。

だがこの際、外見はいい。肝心の食べづらさの新境地を開いた生羽二重餅とはどのようなものか、さっそく開けてみた。

そこは一面の羽二重餅だった。「生」の名に恥じない、ゲル状の羽二重餅が箱一面に張り巡らされているのだ。

それを、ヘラですくって食べるのだ。確かに普通の羽二重餅よりは食べにくいが、風呂場で全裸で食ったほうが良い系ではないので安心だ。

味はというと、普通の羽二重餅が「結構な御点前(おてまえ)で」というおいしさだったのに対し、こちらは「あま、うま」という逆にIQが下がる系の美味さである。

これはいろんな意味で「新しい羽二重餅」だ。伝統は守りつつ、新しいことにも挑戦しているのである。

ところで、言うほど食べにくくない、と感じた生羽二重餅だが、これを取引先の会社等、大人数が分けて食べる可能性がある場に土産として持って行ったら、出禁である。

切ってないカステラなどの比ではない。そういう食べにくさであることだけは確実である。

ここでは「肉まん」の名は禁句だ

【551蓬萊】

大阪府

このコラムのために送られてくるテーマ食材は大別すると、到着時は「初見」「知ってる」「やったぜ」に分かれ、食った後は「全部美味い」という語彙が死んだデブみたいな感想に統一される。

今回は「やったぜ」に入る。見た時点で美味いとわかるからだ。

「551蓬萊」の豚まんと焼売である。

ここで「肉まん」と書くと射殺されてしまい、話と私の人生が終わってしまうので注意が必要だ。

まず「蓬萊」とは、大阪を中心に展開する中華飲食店チェーンだ。そして、関西圏では肉というのは牛を指すため、豚を使った饅頭なら断じて「豚まん」なのである。

５５１蓬莱の豚まんを食べたことがなくても、新大阪駅などに、アイマスクとヘッドフォンスタイル以外で降り立ったことがある人なら「５５１蓬莱」の名は目にしたことがあるはずだ。５５１蓬莱の豚まんは人気の土産物なので、その赤い紙袋を下げた人がほぼ必ず歩いているからである。

ちなみに、蓬莱はウィキペディア情報によると、５５１蓬莱、蓬莱本館、蓬莱別館、という三社に分かれており、豚まんを販売しているのは５５１と本館だそうだ。

蓬莱と言えば豚まん、豚まんと言えば蓬莱である。それがないというなら、蓬莱別館は一体何を売っているというのか、まずそっちが気になったので調べてみたが、出てくるのは５５１、または本館の情報ばかり。もはや別館が存在しているのかも謎である。ネット情報の限界だ。

とりあえず別館は板金塗装（ばんきんとそう）を扱っているということにして、５５１蓬莱と豚まんの話に戻る。

私も、父の帰省先である新潟は新大阪を経由するため、毎年駅で５５１蓬莱の店舗を目にしていた。そして見るたびに行列だった。その人気ぶりが窺える。だがそこで豚まんなどを買ったことがあるかというと、ない。

なぜならその後、特急列車に6時間ぐらい乗らなければならないからだ。豚まん、そして同じく蓬莱の人気商品である焼売は確かに美味いのだが、匂い的に電車内等、不特定多数の人間がいる密室で食うには向かない。

『孤独のグルメ』でも、主人公・井之頭五郎が新幹線内でジェットという機能で暖めるシューマイを作動させてしまい、車内はシューマイ臭で騒然、「ジェットのせいで歯車がズレたか…」という稀代の名言をドロップしたのはあまりにも有名である。

ジェットほどではないにしても、手作りできたてがウリの蓬莱の豚まんを食べたら、結構な事態が予想される。なおかつ豚テロを行った後に、6時間そこに居なければならない、というのはもはや自爆テロに近い。

ちなみに私は重度の乗り物酔いだ。乗り物酔いをしない人にとっては酔うというのは揺れなどで起こっていると思われがちだが、レベルの高い乗り物酔いニストにとっては、車内の匂いも重要なファクターであり、プロになると座席の柄がキモかっただけで酔えるのだ。つまり私が豚まん臭を充満させることにより、誰かの旅路が地獄になる恐れがある。

だが、５５１蓬莱の豚まんは、当然お持ち帰り用のチルド商品も売られている。買って家で食う、というのももちろん可能だ。しかし私はそれでも新大阪駅で豚まんを買ったことがない。

なぜならその真横にスターバックスがあったからだ。

だから何だと言われそうだが、田舎の人間にとっては、蓬莱も珍しいがスタバも珍しいのだ。

今調べたら、我が県にはスタバが六軒しかない。それすら「いつの間にか増えてやがる!」という感想だ。

それに、豚まんはおとりよせできても、何とかフラペチーノはできない。よっていつも新大阪では吸い寄せられるように、蓬莱横のスタバに行っていたのだ。

よく知っているし、美味いこともわかっているが、意外と食べたことがないのが551蓬莱の豚まんである。

この豚まんだが、想像以上の豚である。普通コンビニなどで食べる肉まんだと肉の他、野菜やたけのこ、しいたけなどが入っており、それが甘辛く味付けされている印象だが、この豚まんは、豚とたまねぎのみ、さらに豚はミンチ状ではなくダイス状で、味付けも濃くない。豚のうまみを存分に味わってくれというストロングスタイルだ。

美味いだろうなとは思っていたが、メチャクチャ美味かった。どのぐらい美味かったかというと、四つあったのに家族に分け与えることなく全部自分で食ったぐらいだ。中年女が独り占めしたくなる、つまり童心にかえる味、ということである。

焼売の方も、豚まんに負けない豚だ。一目見た瞬間「でかい」と声が出た。さらに皮が非常に薄くグリンピースなどは乗っていない。まさに豚の塊である。豚まんも焼売も、これだけ豚にも拘わらず、くどくなく、あっという間に完食してしまった。

551蓬莱は、他にも叉焼（チャーシュー）まんや、エビ焼売他、期間限定の商品なども発売しているようだが、どれも間違いなく美味いだろう。

次、新大阪に行くことがあれば、今度こそ551蓬莱に寄ってみたい。おらが村にだってもうスタバが六軒もあるのだ。そろそろスタバコンプレックスから解き放たれ、その地域の名物に目を向ける時期だろう。

中年の胃も圧勝の病みつきチップス

【できたてポテトチップ】

埼玉県

今回送られてきたものは「意外」だった。すごく珍しいものや、明らかにワシントン条約に反したものが送られてきた、という意味ではない。「ポテトチップス」が送られてきたのだ。それも「うすしお味」である。

正直「ポテトチップス」というのは、カルビーなど大手菓子メーカーの独壇場と思っていた。

それ以外が作るとしたら、前に紹介したロイズのチョコがけチップスのように、その地域の特産のジャガイモを使ったとか、そこでしか食べられない変わった味だとか、個性で勝負した、いわゆる「名産品」「土産物」的なものとして、だと思っていた。

しかしそれも、最近「カルビー」が「ポテトチップス47都道府県の味」と称して、全国のご当地チップスを作ってしまったばかりだ。中には「鳥取の味　砂丘をイメージした珈琲味」という鳥取県知事が49度の熱がある時に許可をとったのかな、と思わせる味もあったが、どれも良く出来ている。

ご当地ものですら全国展開の会社が出しているようなポテトチップス界において、こともあろうか「うすしお」を出している大手以外の会社があるなど夢にも思わなかったのである。

そんな蛮勇とも言える商品が、今回のテーマ「菊水堂」の「できたてポテトチップ」である。

私が総理大臣の名前はギリで言えるが漢字では書けないレベルの無知なだけで、テレビでも紹介されたことがある、かなり有名な会社のポテトチップスだそうだ。

そして、いきなりだが訂正がある。「うすしお味のポテトチップスを作っている」は誤りで「うすしお味のポテトチップスしか作ってない」が正しい。

赤福の会社が赤福しか作ってない、と言われてもそんなに驚かないが、一種類のチップスしか作ってない会社がある、というのはカルチャーショックである。

それ以外の商品も作っていたらしい記録はあるが、基本的にこの一点のようだ。

菊水堂は昭和二十八年創業で昭和三十九年からポテトチップスの製造をはじめたそ

うだ。つまり、ゆうに五十年はポテトチップスを作り続けている老舗である。

現在では使っているところはほぼないであろう、という昔ながらの小型フライヤーを使用しており、少量生産ゆえに、人間の目が行き届いた製造ができるという。

おそらく当時からそんなに変更していないのだろうな、と感じさせる、かつお節が入っていても不思議ではないくらいシンプルなパッケージに「ポテトチップ」と大きく書かれている。

この「ポテトチップ」のロゴは味がありすぎなので一見の価値ありだ。

一袋がスタンダードなスナック菓子サイズよりだいぶ大きく、価格は三〇〇円だ。量からすれば決して高くはない。しかしスーパーに行けば、七八円ぐらいでポテトチップスが買える世の中である。それも一番どこでも売っている、うすしお味だ。

これが本当にただのチップスなら、個人商店が安価量販店に淘汰されるのが珍しくない現代において五十年以上もチップス製造のみを続け、さらに今も人気、などということはありえない。

すごいチップスに違いない。そう思い、とりあえず食べてみることにした。

確かに美味い。

よく食べるポテトチップスより格段に芋の味がするし、塩味が薄めなのでそれが一層よくわかる。しかし「これを食べたらもう他のチップスは食えない」「明日から主食にする」「仏壇に供える」「むしろ俺の墓に供えろ」など、オーバーなことは言えない。

他にまだ気づいていないすごい秘密があるのでは。そう思い、さらに食べ進めていった。そして私はついにある事実に気づいた。

「なくなった」

これは衝撃的事実である。

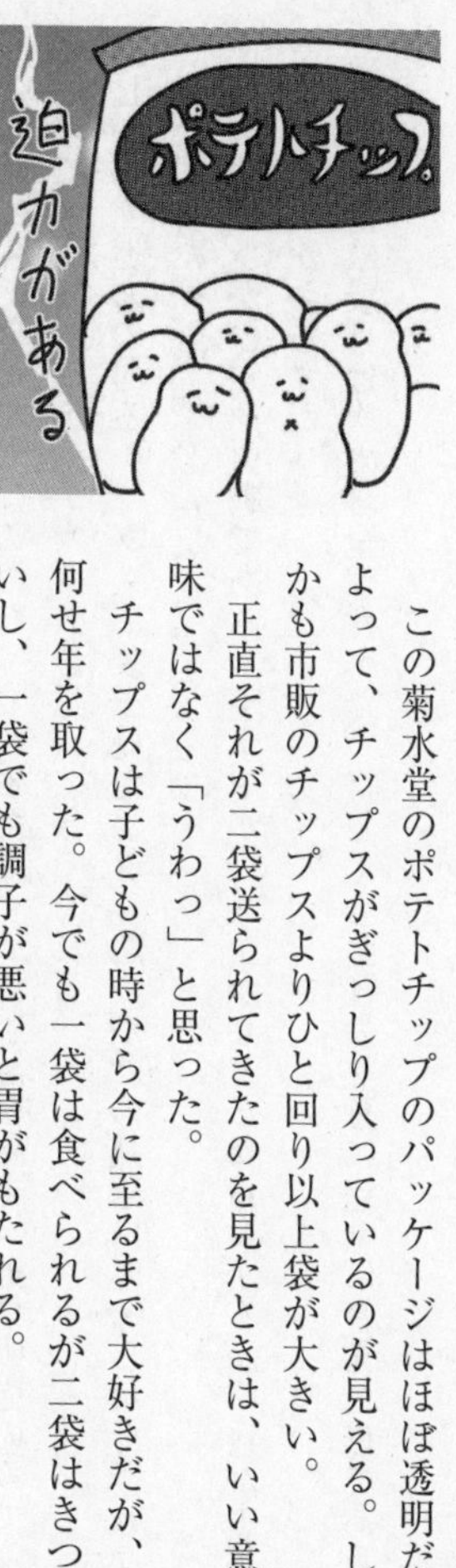

この菊水堂のポテトチップのパッケージはほぼ透明だ。よって、チップスがぎっしり入っているのが見える。しかも市販のチップスよりひと回り以上袋が大きい。

正直それが二袋送られてきたのを見たときは、いい意味ではなく「うわっ」と思った。

チップスは子どもの時から今に至るまで大好きだが、何せ年を取った。今でも一袋は食べられるが二袋はきついし、一袋でも調子が悪いと胃がもたれる。

菊水堂は「できたて」にこだわっているため、一部店舗を除き、通信販売のみで文字通りできたてのポテトチップスを送ってきてくれる。

しかし、迫力のあるチップス二袋を見たとき「悪いがその熱意に応えられそうにない」と思った。「長期戦」になるだろうと。

それがまさかの短期決戦である。小学生が三人がかりとかならわかるが、兵が中年一人にもかかわらずだ。

ちなみに二袋目は次の日全部食べた。奇しくも会社の熱意に完全に答えた形である。

さらにすごいのは戦死者を出さなかったという点である。ここで戦死するのは主に胃腸だが、二日連続の出兵にも拘わらず無事の帰還である。

ここで確信した。「このチップスには長年のヘビーユーザーが多くいる」と。

菊水堂がポテトチップスを作りはじめた当時は「子どもが喜ぶもの」というコンセプトがあったらしいが、子どもはもちろん「中年の胃も喜ぶもの」にもなっている。

ポン菓子にはチョコをかけるべき

【パン豆】

愛媛県

今回のテーマは「パン豆」だ。

この名前を聞いたらほとんどの人が、パンか豆を想像するだろう。それ以外の奴はひねくれすぎだ。もっと素直になった方が良い。

だが、今回はそんな通知表に「奇特」と書かれた異端児たちの大勝利だ。

パン豆は、パンでも豆でもない。

「米」だ。

そういう引っ掛け問題を出されるから、こっちは心が硬化していくのだ。

しかし、そんな凶暴性を秘めた「パン豆」であるが、その正体は実になつかしいものである。

「ポン菓子」

そういわれれば田舎の中年以上世代はピンとくるのではないだろうか。米に圧力をかけ、膨らませた菓子である。

サクサクとしたシリアルに似た食感であり、味は砂糖味だ。大体、農協などがポン菓子を作る機械を持っているため、地域のローカル祭などで良く売られていた。

私も子どもの時たまに食べていたが、ポン菓子が子どものテンションをＭＡＸにできる菓子かというと「エンジンがかからないこともない」ぐらいだったと思う。

つまり「あるなら食うよ」レベルである。チョコやポテトチップスがあるならそっちを食う。しかしあるなら食うよ、で食い続けていたらなくなっている、そんな菓子である。

そんなポン菓子だが、愛媛の一部地域では「パン豆」と呼ばれ昔から親しまれているそうだ。

パンはポンと同じく作るときの音を表しているのだろう。ただ「豆」についてはそこは目をつぶる」しかなさそうだ。

どのくらい親しまれていたかと言うと、嫁入り道具と一緒にこのパン豆を持って行ったり、今でも引き出物などに使われたりしているほどだという。

私が結婚するとき、結納品として両親が用意したのは「現ナマ」だったので、実に雅（みやび）な文化である。両親的にも愛媛式の方がありがたかっただろう。

今回、送られて来たのは愛媛県西条市（さいじょう）「ひなのや」のパン豆だ。決してテンションが上がる菓子ではない、と言ったがこのひなのやのパン豆は見た瞬間、かなり上がった。

まず私の知っているポン菓子は、ただのビニール袋に直（じか）に大量のポン菓子が入っているというストロングスタイルだ。当然分け入っても分け入っても砂糖味のポン菓子である。

しかし、ひなのやのパン豆はまずビニール袋に入っていない。小分けにパッケージングされたパン豆が何種類か箱に収まっている。貼られているシールのロゴもかわいい。

だが、大量の砂糖味ポン菓子がただオシャレに小分けにされたというだけなら、そこまで嬉しくない。なんでも「カワイイ」という女ですらそこまで単純じゃないし、そういうタイプはビニール袋詰めポン菓子にも「カワイイ」と言う。

全部味が違うのだ。

それも、チョコレートやキャラメルナッツなど直球に上がる味から、甘塩や、同じく愛媛名物の伊予柑を使ったパン豆など、珍しい味まで多彩である。

ひとつひとつの量はそんなに多くない。「いろんな味を少しずつ食べたい」というしゃらくさい精神を満たしてくれるつくりだ。

どの味もおいしかったが、特にチョコレートや、苺チョコ味がおいしかった。

もし子ども時代のポン菓子がこのスタイルだったら「あったら食う」のレベルではなかったと思う。「(他の誰かに)食われる前に食う」という「とるかとられるか」みたいなポジションだったに違いない。

むしろ、他の地域も、ポン菓子にチョコかけたらどうか、と思う。今でも田舎の祭などで作られていると思うが、絶対チョコをかけたほうが子どもは喜ぶし、売れると思う。

「パクリ」という声も聞こえるが、子どもの笑顔のためならやむなしだ。

この「ひなのや」であるが、創業が二〇一〇年と相当若い会社である。パッケージなどのデザインがレトロ調でありながらオシャレなのも頷ける。

HPに行くと時節柄「バレンタイン用パン豆」の販売がされていた。それも「アーモンドプラリネパン豆」という、本格的な一品であり、すでに売り切れだった。食べることは出来ないが、確実に美味いだろう。

やはりポン菓子にはチョコをかけるべき。それだけは声を大にして言いたい。

その食感は発泡スチロールを超えた

富山県

【月世界】

今回のテーマ食品は受け取った時点で「おかしい」と思った。異臭がしたとか開ける前から何かの汁が出ていたとかではない。むしろ「何か入っているのか？」と思った。

異常に軽いのである。少なくとも食品の重さではない。感触としては発泡スチロールが入っているとしか思えないのだ。

というわけで今回の食材は「発泡スチロール」である。

発泡スチロールは味が特にしないのだが、ご存じの通り発泡スチロールをこすり合わせると、生理的に不快な音がする。よって口に入れて噛むと、あの不快音がダイレクトに脳に響くため、食べ物としては☆1だ。

ただしあの音に対し性的興奮を感じるという者にとっては☆5、リピ確定である。

つまり発泡スチロールを食ったことがあるわけだが、今回送られてきたのは当然発泡スチロールではない。

今回のテーマは「月世界（つきせかい）」だ。

この月世界、二〇センチぐらいの箱に入っていたのだが、冗談ではなく箱の重さぐらいしか感じない。

開けてみると、長方体の白い菓子が出てきた。装飾は一切ない。徹頭徹尾（てっとうてつび）白い長方体だ。実にシンプルである。落雁のようにも見えるが、落雁より遥かに軽い。

正直、第一印象では「パンチが効いてなさそうな菓子だ」と思った。霧か霞を食って生きている奴の主食、という感じがする。しかし、食べてみると、想像以上にしっかりした甘味なのである。

まず、その軽さどおり、食感が非常にサクサクしている。しゃらくさい言い方をすればエアリーだ。

そして味だが、もちろんチョコや生クリームのようなバイオレンスな甘さがあるわけではない。だが失恋したての奴が「優しい味……」などと言うような気の抜けた甘さでもない。コクがある。

月世界は和三盆、寒天、そして泡立てた卵で作られており、メレンゲ菓子に近いのだが、卵白だけではなく、卵黄も使われている。軽さに反して満足度のある味はそのせいだろう。

月世界を作っているのは「月世界本舗」というそのまんまの会社だ。創業は明治三十年、悠に百年を超えている老舗である。

最初に月世界を世に送り出したのは、創業者である吉田栄一（よしだえいいち）氏だが、氏は非常に真面目な人だったようで厳しい家訓を一族に守らせていたようである。

まず「政治に関与しないこと」。月世界は卵黄を使っているので若干黄色いのだが「リアル山吹色のお菓子以外贈るな」という家訓である。さらに賭け事禁止、花札やトランプ、すごろくでサイコロを使うことも禁止していたという。

だが、吉田氏がこのように真面目な性格でなければ、おそらく銘菓「月世界」は生まれなかったと思う。

月世界は、吉田氏が修業時代見た、明け方の月の儚げな美しさから着想を得て作られたといわれている。明け方の月を見たのが、徹夜明けなのか、出勤前なのかはわからないが、不真面目な人間であれば「ＫＳＮＭ（クソネミ）」という感情しか起こらない状況である。

むしろ月の存在にすら気づかない恐れがある。常に下を向いているからだ。
もちろん、地面やそこに落ちている、片方だけの軍手から得られる着想もあると思うが、明け方の月の美しさを基にした菓子は、明け方に上を向ける人しか作れないものである。

吉田氏は、手広くやるより、一つの菓子を長く作り続けたいという信念の人であり、その思い通り、百年以上続く月世界を作り出したわけだが、百周年の時もう一つ月世界本舗を代表する菓子が作られた。それが今回のもう一つのテーマ食品「まいどはや」だ。

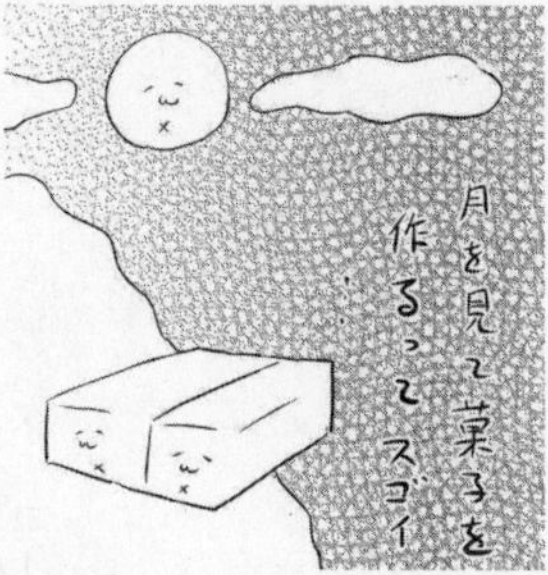

「まいどはや」は越中の方言で「おげんきですか」という意味だ。

原材料は砂糖、鶏卵で月世界とほぼ同じだが、こちらは一転してマシュマロのような食感で、ゆずの香りが効いている。

明け方の月から菓子を作ったり、同じような材料から全く違う菓子を作り出したり、菓子職人の発想というのはすごい。

少なくとも発泡スチロールを食っている奴には思い浮かばないことばかりだ。

今一瞬、信玄餅のこと考えただろ？

【くず餅】

奈良県

今回のテーマは「吉野のくず餅」だ。

随分有名どころ、というか鉄板なところが来たな、という印象だが、改めて考えると「貴様は吉野葛の何を知っているのだ」という気もするし、「今、一瞬、信玄餅のこと考えただろ？」と言われたら、二の句が継げない。

まず葛餅の葛は植物であり、その根から取れるでんぷんを粉末状にしたものが「葛粉」、その葛粉を溶かし砂糖などで味付けし固めたものが「葛餅」である。葛はすでに奈良時代からこのように食用にされてきたそうだが、最初にそれをやりだした奴は一体、何を根拠にどんな自信があって、葛の根を粉末にしてみようと思ったのか。

やはり太古から「気づく奴は気づく」のだろう。自分だったら根っこを生で食って腹を壊すぐらいしか出来ない。奈良時代に生まれなくて良かった。

このように、吉野はその当時から葛の産地であり、今も「吉野葛」として有名なのである。

ちなみに漢方の葛根湯もその名の通り、葛の根である。生で食って腹を壊すどころか薬にまでしてしまっている。我々が生きていけるのはこういう「気づく側」の人のおかげと言っていい。

今回送られてきたのは「横田福栄堂」の「くず餅」である。奈良平城京の近くに店舗を構えるという、まさに本場、の一品だ。

店舗のＨＰに飛んだところ、早速「手づくりみそせんべい本舗」という力強いキャッチが出迎えてくれた。

「くず餅がイチオシではないのか」

一瞬そう思ったが、それは「香川県民は息の代わりにうどん吸ってるんでしょ」というような偏見にすぎない。それに、横田福栄堂のエースはみそせんべいのようだが、くず餅だってちゃんと三番目にラインナップされている。「三番手かよ」と思わなくはなかったが、他にくず餅の老舗は多くあろう中で、この店が選ばれたのは何か意味があるに違いない。

そう思い、くず餅のページに行ってみると、ここではプレーンな「白」と「小豆」、そして「抹茶」の三種類が販売されているようだった。どれも美味そうだが一つ気になることがある。「一個入り」という表記だ。ちなみに一個七〇〇円である。

考えても仕方ないので開けてみたところ、本当に「一個」としか言いようがなかった。豆腐一丁より一回りでかいぐらいのくず餅が「一個」入っていたのである。

意表を突かれた。完全に個包装されたくず餅が何個か入っているのをイメージしていたからだ。

「やっぱりお前、信玄餅のこと考えてただろ」と言われたら、その通りです、と返すしかない。

この形が吉野くず餅のスタンダードなのか、吉田福栄堂独自のものなのかは不明だが、とにかくくず餅が一塊（ひとかたまり）でやってきたのだ。かなり迫力のあるたたずまいである。「業務用」という感じがする。

これを好みの大きさに切り分けて食べるのだが、もう一つ重要なのは、付属の黒蜜ときな粉も一袋という点である。これは配分をミスると黒蜜やきな粉が余ったり、逆に最後の方はくず餅オンリーで食うことになってしまう。

赤福ですら小分けされる時代に、ここまで「自分でやれ」というスタイルは逆に珍しい。だが逆に「自由にやれる」ということでもある。「俺は残り全部くず餅のみで食うことになっても、最初の一口に、黒蜜きな粉全部ブッこむ」というならそうしてもいいし、そもそも切り分けるかどうかさえ、自由だ。冷奴みたいに、くず餅一丁のまま、黒蜜ときな粉を全部かけてもいいのである。

ある意味、切り分けていないことにより、ケーキ一ホール丸ごと食う、みたいな夢のある食い方ができるのだ。相手に至れり尽くせりされると逆に自由が奪われる、という真理をこのくず餅から学ぶことができた。

自分は独創性に欠けるので、普通に切り分けて食べようとしたのだが、切り分けて食べる時点で「こんなに強かったっけ?」と思った。弾力の強さが想像と全然ちがう。切るのに苦労するぐらい強い。

だがグミでもハードタイプが好きなので、この弾力の強さは嬉しい。私は黒蜜も好きなので、餅に対して多めにかけることにした。こういう調整ができるのもよい。

食べてみるとやはり、強い。だがくず餅自体は甘さ控えめで黒蜜がよくあっている。

おそらく、初回黒蜜をかけすぎたせいで最後ノー黒蜜で食べることになるだろうが、初めに自分好みの味で食べられたので満足だ。

しかし「吉野くず餅」と言われたら「ああ、あれね」と思うが、いざ実物を前にすると随分イメージと違うものである。

百聞は一見にしかずだ。

なんと、のし梅は一切のされていなかった

【のし梅】

山形県

今回テーマ食材は「のし梅」だ。

私事になるが、私は自分の漫画にのし梅を描きがちだ。

私の漫画は総じて絵が適当で、背景が寂しい時、縦線を二本引いて「何かの壁」「何かの家具」としてしまうことが多い。してしまう、のは私の脳内だけで、おそらく読者は「謎の縦線」としか思ってないだろうが、私の中では背景なのだ。

そういう、謎の縦線や横線を引くと、薄っぺらい板状の何かが出来上がることがある。私はそれについ「のし梅」と文字を描きたくなってしまうのだ。最近では描くのを我慢している。

ちなみに本物の「のし梅」は見たことも食ったこともない。ただ私の中に「薄っぺらい板状の物＝のし梅」という強烈なイメージがあるのは確かである。

その「のし梅」が突然送られてきたため、後ろから本物に出てこられたものまねタレントのような気持ちになった。「いつも勝手に描いてすみません」という感じだ。あれだけ漫画に描きたくなるのだから、私はのし梅さんにどこかで会ったことがあるのかもしれない、と思ったが、送られてきたのし梅を見て「やっぱり初対面だ」と思った。

のし梅とは、すり潰した梅を寒天に練りこみ、薄くのして乾燥させた、山形県村山地方の代表的な銘菓である。竹皮に挟まれており、それをはがすと、竹の模様がついた美しい琥珀色(こはくいろ)ののし梅が出てくる。あまり漫画の背景には向かない姿だ。

「何故か漫画に描き続けたのし梅に会えた」

その感動が先に立ち、味は正直二の次だったのだが、こののし梅、梅がすごくいいのだ。

「頭痛が痛い」みたいな、間抜けな日本語になってしまったが、のし梅は本当に梅が良いのである。

今まで個人的に「梅味」がそんなに好きではなかった。ストロングゼロでさえ梅味はあんまり買わない。だがこののし梅の梅の味は「梅がうめえ」と、無意識にクソ駄洒落を言って焦るぐらい美味い。

今回送られてきたのし梅は「乃し梅本舗佐藤屋」の「乃し梅」である。のし梅を製造している会社は数あるが、今の形状となった、のし梅の元祖はこの「佐藤屋」だそうだ。

元祖として梅の品質には相当こだわっているようで、梅好きじゃなくても美味いと感じるのが頷ける。

また佐藤屋は「手づくり」にもこだわっているという。

「乃し梅」と言うぐらいだから、ローラーなどで「のされてない梅」を薄くのして行く作業を想像してしまうが、なんと、乃し梅はのされてないのだ。

正確には「圧力をかけてのす」作業はなく、枠のついたガラス板に梅を練りこんだ寒天を流し、固まった後乾燥させているのが、佐藤屋の乃し梅である。

それに「のしてないじゃん」と言うなら、まずメロンパンあたりにケンカを売っていかなければいけない。

しかし、機械でのす作業なしで、この均一な薄さの乃し梅を作るのは相当難しいはずである。ホームページで「当社自慢のこだわりの職人」の手づくりと謳っているのは伊達ではない。

老舗には、一本キメ打ちで昔ながらの菓子を作り続けるところと、新製品を作ったり、現代風のアレンジを加えたりするところとに分かれるが、佐藤屋は後者である。のし梅の他にも、洋菓子や、サッカーチーム「モンテディオ山形」をイメージした和菓子、芸術祭「山形ビエンナーレ」用に「ウヤムヤ」という非常にいい名前の菓子を製造していたりするようだ。

乃し梅に関しても、生チョコに乃し梅を乗せた「たまゆら」という菓子が発売されている。

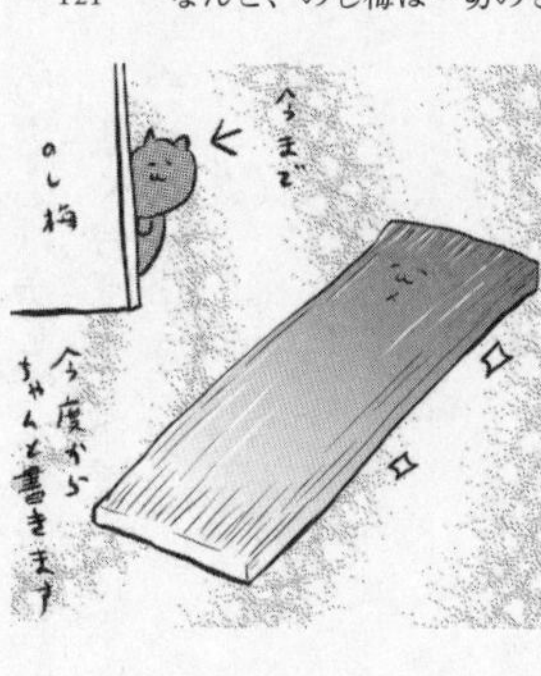

生チョコに乃し梅を乗せた、と一口で言ってしまうと「若い女が好きそうなスイーツに乃し梅乗せればいいっぺ」みたいな、「なんでも美少女に擬人化すればいい」のような雑な感じを想像してしまうが、この「たまゆら」の生チョコは、バターを使わずに寒天と白あんで作られた、特製の和風生チョコである。当然乃し梅にも合うだろう。

また、チョコの上に乃し梅が乗っているビジュアルもいい。

乃し梅は、味も良いのだが、やはり見た目が良い。竹の皮をはがして、あの美しい琥珀色の板が出てくるとテンションがあがる。
よく今まで、縦線を何本か引いたものに「のし梅」って描いてたな、と思う。

過去に何かあった親戚同士のような菓子

【サラバンド】

長野県

今回のテーマ食品は、類似菓子二品である。前にも、萩の月とその愉快な仲間たちを紹介した。

萩の月にとっては全然愉快じゃないし仲間とも思ってないとは思うが、人間が「口に入れても死なないもの」という縛りで作れば、偶然似たものが出来てしまうのも仕方ないのかもしれない。

だが世の中には、どう見ても他人とは思えない似方をしている奴がいる。今回はそんな菓子、二品である。

まず一品目は「サラバンド」だ。これは見た瞬間「ブルボンっぽい」と思った。菓子を菓子で喩えるというのは、サバに「エラがあるところがサンマに似ている」というぐらい頭が悪いが、そう思ってしまったのだから仕方がない。派手さはないが上品で、良い意味で古い。一言で言うと「レトロエレガント」なパッケージ。サラバンド自体は初見でも「なつかしい」と言ってしまいそうな佇まいである。

「サラバンド」がどういうものかというと、小麦粉、卵、砂糖を練って薄く焼いたものに、クリームを二層に渡って挟み込んだ菓子のことである。つまり「絶対うまいやつ」だ。

実際、香ばしい焼き菓子部分も甘いクリーム部分も美味い。さらにクリームを二層にしているため、焼き菓子部分と合わせて五層だ。一瞬「クリームが二層だから焼き菓子も二層で合わせて四層」と書いてさらに馬鹿を露呈しそうになったが、声に出して指差し確認した結果、間違いなく五層であった。

別に数が多くて得だ、とはしゃいでいるわけではない。こうすることによりサラバンドは食べた時の食感がすごく良いのである。厚みが結構あるので「堅い菓子では」と二十代で入れ歯になりかけた私は一瞬危惧したが、薄い焼き菓子とクリームの層でできているから難なくサクサクと食べられる。

パッケージどおり、地味ながらも確実な美味さがあり、飽きない。リピート率が高そうだ。実際サラバンドはすでに四十年以上続くロングセラー菓子となっている。

ちなみに「サラバンド」という名前は、メーカーである小宮山製菓の二〇一五年から更新されていない大変親近感が湧くブログによると、「スペインの舞曲」からとったそうである。


つまり、サラバンドは間違いなく長く愛されてきた菓子なわけだが、それに酷似している菓子があるという。

それが二品目「雷鳥の里」だ。多少、幅や厚さなどは違うが、洋風せんべいにクリームが二層、という形態は全く同じだ。味に関しては、いよいよ差がわからない。私の舌が馬鹿だとしても、同じに思える。

普通に考えると、製造が先のサラバンドを雷鳥の里が真似た。と思えるが、問題はサラバンドの小宮山製菓は長野県安曇野市で、雷鳥の里の田中屋は長野県大町市、つまり隣市だ。
至近距離過ぎる。
パクると言ったら聞こえが悪いので「参考にした」と言わせてもらうが、先方に無断で参考にする場合は、できたら参考にしたことがバレないようにしたいものである。よって参考にするにしても自分から遠いものを参考にするだろう。少なくとも隣の奴を参考にはしない。

　つまりこの両者は関連商品の可能性がある。

　疑問があっても直接聞かないことに定評がある当コラムだが、今回は担当がサラバンドの小宮山製菓に直接問い合わせてみたようだ。以下がその返答である。

「販売先が違うもので……いろいろありまして……ふふ」

　どうやら、あまり追求しない方が良い話のようだ。長野県には沈める海はないが埋める山は豊富にある。とにかく関係はあるようだが、ならば余計、似たような菓子を至近距離で作ってどうする。

　セブソの隣にローソソを建ててもつぶし合いにしかならないだろうと思うかもしれないが、雷鳥の里はその名前やパッケージからして、明らかに観光客向け土産物だが、サラバンドは一目見て「ブルボン」と思ったように一般家庭向けのようなので、同じ菓子でも住み分けはきちんと出来ているようである。

　値段は雷鳥の里の方が割高のようだが、土産というのは「ここに行った」と証拠代がかかっているので仕方ないのだ。

ちいさなだんごが雄弁に語りはじめた

【打吹公園だんご】

鳥取県

さて今回のテーマだが、到着時点で、ちょっとしたことがあった。

それを持ってきた宅配便の人が、私に渡すとき「だんごが届いています」と言ったのである。

宅配の人が荷物の内容まで言うのは、少なくとも私にとっては稀であった。炭疽菌が入っているというなら、一応相手に伝えておくべきかもしれないが、何せだんごである。

「それ言う必要あったか」

伝票にサインをしながら、そう思った。

まさかの「宅配員にネタバレを食らう」という事態に、開ける前からそれが「だんご」だということは判明してしまったわけだが、それで「だんご……だと……?」となったわけではない。むしろ「だんご」というのは日本の銘菓の中では意外性ゼロの部類である。よって「なるほど、だんごか」と、特にワクワクするわけでもなく、包装を解き、箱を開けた。

驚いた。腸チフス菌が入っていたわけではない。むしろ品名にだんごと書き、宅配員にだんごと念を押させた上でそれが入っていたら、担当の殺意が明確すぎて怖い。

箱に入っていたのは紛れもなく「だんご」だった。

しかし「だんご過ぎ」だったのである。

もし「だんごの絵を描け」と言われたら、私のように絵心のない人間だったら、丸を一つ描いてだんごと言い張るだろう。しかし、少しでも覚えのある者なら、三色の丸を三つ描き、それに串が通っている「だんご」を描くのではないだろうか。

このだんごは、そんな三食のだんごに串が通っている「絵に描いたようなだんご」だったのである。

ただ、アニメに出てくるような大振りのだんごではなく、一個がビー玉大だ。色は、白あんの白、小豆あんのこげ茶、抹茶の緑だ。その三色だんごが一本の串に通され、箱に十列並べられている。それがとても綺麗なのである。よく見たら、並べた時見栄えが良いように、白茶緑の順番が変えられているのだ。

あまりに威風堂々としただんごっぷりに、宅配員も持っただけで「これはだんごと伝えねば」と思ってしまったのかもしれない。

そんなTHEだんごな今回の銘菓は「石谷精菓堂（いしたにせいかどう）」の「打吹（うつぶき）公園だんご」である。

しかし、見た目はこれ以上なくだんごな「打吹公園だんご」だが、所謂（いわゆる）だんご粉を丸めただんごではなく、前述の通り、三色のあんで餅を包んだ、おはぎスタイルの団子である。あんは非常にきめ細かいこしあんで、甘さが控えめなので、あんこ好きはもちろん、あんこが苦手でも食べられるのではないか、と思う。

銘菓の中には、全く説明なし「食えばわかる」タイプと、起源とか由来とか説明してくれるタイプがあるが、打吹公園だんごは、かなり説明してくれる方である。箱には「打吹公園だんごのたわごと」と題された紙が入っていた。
その紙は、一言で言うと「だんごがしゃべっている」。だんごが、自己紹介をするという体で、打吹公園だんご

がどこでどのように生まれたかが書かれているのだ。

それによると打吹公園だんごは、明治時代「すま」という女性が、御醍醐天皇を隠岐島より船上山に迎えたおり、甘茶団子を出したという逸話からヒントを得て作られたそうだ。突然六百年前から着想を得るすま女史の慧眼たるや、と言ったところである。

他にも昭和天皇に献上された、菓子博覧会で賞をとった、つくば万博に出品されてから諸外国にも愛されている、創業以来製法は変えていない、とだんごの口調はあくまで謙虚だが、相当こだわりと自信があることがうかがえる。

明治からそれ一本で続いているだんごだ。そのぐらいの自信はあってしかるべきである。そしてこれより詳しいことが書いてあるのではないかと、石谷精菓堂のＨＰにも飛んでみた。

そこには「萌えキャラ」の包装紙につつまれた打吹公園だんごの姿があった。正直度肝を抜かれた。あまりにも「打吹公園だんごのたわごと」でだんごが言っていたことと萌えキャラが結びつかなかったからだ。

どうやら打吹公園だんごが生まれた「倉吉」が「ひなビタ♪」というキャラクター企画の聖地として認定されているらしく、そのつながりで、当該キャラクターをつかったパッケージの打吹公園だんごが販売されているようである。

同HPには「それは小さなだんごですが、とても頑固なだんごです」というだんごのキャッチフレーズが書かれている。

しかし、ここで言う頑固とは、ただ古いものに固執し、新しいものを排除するのではなく、守るところは守って、取り入れられる新しいものは取り入れる、という姿勢のことだ。

ということを、このひなビタ♪パッケージの打吹公園だんごがなによりも雄弁に語っている。

ちくわの油炒めに間違いはない

【竹ちくわ】

徳島県

今回のテーマは「ちくわ」である。

決して珍しくも華やかな食べ物でもないが、もちろん西友とかで一本あたり一三円で売られているちくわではない。しかしこう改めて見ると、貴様本当に魚肉か？と心配になる安さである。

どんな食べ物にもそれを名産としている土地があり、ちくわにだって当然それがある。徳島県小松島(こまつじま)市の「竹ちくわ」である。

もともとちくわは「竹輪」と書くので、「竹ちくわ」というのは「大事なことだから二回言っている」スタイルである。しかし、実際「竹」こそが「竹ちくわ」最大の特徴と言って良い。その名の通り、ちくわに竹が刺さった形で売られているのだ。

同じちくわでも、竹に刺さっている、というだけで少なくとも「一三円」には見えなくなる。それどころか「ただものではない」感さえ漂っている。実際は高級ちくわというわけではなく、一本一〇〇円程度で特産品としてはリーズナブルな値段なのだが、「竹に刺さっている」というだけで一目置かれるので、土産物に最適だろう。

まず、なぜ徳島県小松島市が竹ちくわを名物としているか、というと、平安時代にまで遡る。屋島の戦いで、あの源義経が小松島に上陸した際、地元の漁師たちが、魚のすり身を竹に巻き付け焼いて食べているのを見て、「なんそれ、ウマそう、マジ一本所望」と食べて絶賛したことから、このスタイルのちくわが小松島の名物になったそうだ。

このような「庶民の食い物を偉い人が食って褒めたことから名物になる」という話は、竹ちくわ以外でも聞いたことがある。そんなに出来た話がそこかしこで起こるか、と思わなくもないが、おそらく偉い人が下々の食い物に興味を示すことは割とあったのだろう。

しかし実際食ってみたら「クソ不味かった」か「まあこんなもんか」というケースの方が多く、そんな話はわざわざ後世に残らないので、「美味かった」話だけがレアケースとして各地で残っているのではないだろうか。

実際、とれたての魚のすり身を焼いて食う、というのは、ラブコメ漫画の料理下手ヒロインでも混ざってない限りは不味くなりようがない。さらに浜辺で竹に刺さっていて、焼きたてという最高のロケーションもある。もちろん、今回は焼きたてではなく、我が家も浜辺に立っている小屋ではないが、竹に刺さっているというだけで十分美味そうに見える。

送られてきたのは、徳島県小松島市の「谷ちくわ商店」の竹ちくわだ。

この竹ちくわ、どう食べるのが良いかというと、一番推奨されているのは「生」である。漫画に出てくる原始肉の如く、竹を持ってそのままかぶりつくのが本場の食べ方だ。もしくは、逸話通り、焼いてから食べるのも良いとされている。その際同じく徳島名物の「すだち」をかけるとなお良し、らしい。

もちろん、すだちなどないのでそのまま食べたが、まず「ちくわって美味いな」と思った。本当に何もせず、単体で食べて「十分（じゅうぶん）」なちくわなのである。身にすごく弾力があり、味がしっかりついているので、これだけで立派なおかずかツマミである。

生のままも良いが、焼いても当然美味いだろう。義経に差し出した通り、竹に刺さったまま焼いても良いだろうが、私はちくわを油で炒めたものが好きなので、竹から外してフライパンで焼いてみることにした。

だが、ここで少し迷う。竹ちくわは竹に身がぴったりくっついているのである。スルっと抜けるものではないのだ。

とりあえず、包丁で切れ目を入れて、むしってみたのだが、その結果「竹に残った身の方が多い」という明らかに正解じゃない姿になってしまった。

ネットで調べたところ、ちゃんと「竹ちくわのキレイな外し方」が掲載されていた。例え慣れ親しんだちくわという食べ物でも、初見の時は調べて食え、という好例である。むしられたちくわは平安時代の食い物を縄文人が料理したかのようなビジュアルになってしまったが、焼いても当然美味かった。主役になれるちくわである。

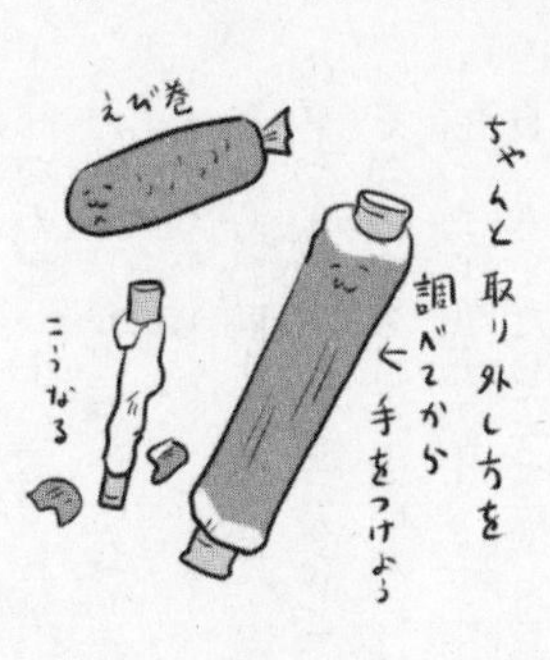

ちなみに今回送られてきたのは、竹ちくわに加えもう一品ある。それは「かつ天」だ。

パッと見はハムカツのように見えるが、明らかに面積が広い。これも魚のすり身を使ってある。徳島はフィッシュカツでも有名なのだ。

カツなのでそのまま食べても良いが、フライパンやトースターで焼くことでカツらしい食感を楽しむことができる。そして大きな特徴として、この「かつ天」はカレー味なのだ。よって、おかずにしても良いが、おやつ感覚で子どもに出しても喜ばれるだろう。弁当を作る身としても、これは重宝しそうだ。

谷ちくわ商店は、他にも鯛入りの鯛ちくわやミニサイズのまめだぬき（ミニサイズの豆ちくわ）、じゃこ天など、練り物を多種販売している。

その中でも目を引いたのは、ごぼう巻の要領でえびを巻いた「えび巻き」だ。えびと言ったら魚類の中でもエース的存在だ。これはもはやごちそうである。

良く考えたら魚を魚で包むという、おにぎりの具がチャーハン、みたいな状態なのだが、お好み焼きをおかずに飯を食うこともできるのだから、これも確実に美味いだろう。

イチゴ味でりんご果汁使用の「もも太郎」

【もも太郎】

新潟県

みんな気づいていると思うが、今年の夏はメチャクチャ暑い。場所によっては40度など、体温を遥かに超えた気温をたたき出しており、もはや全裸で抱き合った方が涼しい、という逆雪山状態である。

こう暑いと食欲が出ない。そう言いたいところだが、当方何があっても食欲がなくならない、むしろ何かあった時の方が食ってしまうデリカシーに欠ける体質である。しかし、実際食欲を無くしている人も多いと思うし、私も夏場に食べるならよく焼いた石とかよりは冷たい物の方がありがたい。

よって、今回のテーマは冷たい食べ物である。それは助かる。

しかし問題はそれが一気に六箱届いてしまった、という点だ。

もちろん「食いきれない」ということではない。デリカシーがないからいくらでも食える。だがそれは「溶けては困るもの」だったのだ。すぐにこれを一般家庭用の冷凍庫に全て収めるか、溶ける前に六箱全部食い切るしかない。

後者はいくら私にデリカシーがないからと言って無理である。何故ならさっき飯を食ったばかりだ。ゆえに現在、我が家の冷凍庫の内容物は「半分はアイス」という、小学校低学年が見ている白昼夢のような状態だ。


というわけで今回取り上げるのは、新潟の「セイヒョー」という会社が作っている「もも太郎」というアイスである。

「アイス」と言ったが、正確にはかき氷を棒アイス状にしたような「氷菓」だ。

かき氷も夏に人気の食べ物だが、削った氷の上からシロップをかけるという形式ゆえ、完全に無味の部分があったり、かと言って、あまりにかき混ぜると速やかに溶けて「味付きの水」になってしまう。なかなか采配が難しい、監督の手腕が問われる食べ物なのである。

その点このもも太郎は、すでに氷に味がまんべんなく行き届いている状態であり、監督の指示も「溶ける前に食え」だけという、「とりあえずボールを追いかけとけ」みたいな作戦で勝利することができる。非常に食べやすい。

また、氷だけに普通のアイスよりも爽やかであり、この暑い夏にちょうどいい。毎日何本も食べてしまう。もしかしたら、冷凍庫に入れなくても六箱全部食えたかもしれない。

味は「もも太郎」という名前なので桃味を想像したかもしれないが、「イチゴ味」だ。イチゴ味と言ってもピンク色をしているだけでイチゴ果汁は入っていない。

しかし、『孤独のグルメ』の井之頭五郎がチェリオを飲んで「このワザとらしいメロン味！」という称賛の言葉を送ったように、この類の無果汁なのに「○○味」を名乗っているものというのは、それはそれで「いい味」なのである。

現に、もも太郎自体を食べるのは初めてだが、食べた瞬間「この全然イチゴ味じゃないイチゴ味食べたことある！」というノスタルジーに包まれた。逆に最近の○○味は出来が良すぎるため、このような「ワザとらしい魅力」がなくなっている気もする。

この「もも太郎」は新潟県のローカルスイーツだそうだ。私は父が新潟出身なので、新潟には良く行っていたが、これは見たことがなかった。

今回のセイヒョー以外にも、もも太郎を製造している会社はあるが、セイヒョー製のもも太郎には他社にはない特徴がある。

果汁を使っているのである。

マジか。

「このワザとらしいイチゴ味！」とか言っていた自分が恥ずかしい、アホ舌を露呈してしまった。しかし、ここで「そう言えばイチゴ味がした」などと言わなくて良かった。何故ならもも太郎に入っているのは「りんご果汁」だからである。

この凄まじい矛盾により、もも太郎は、これだけ素朴な氷菓であるにも拘わらず「イカれたスイーツ」としても静かに有名なのだという。

何故こんなことになってしまったのか。ネット情報によるといわゆる「メロンパン方式」で、かつて祭りで「桃の木の型にかき氷といちごシロップを入れて売っていたもの」が原型だった。それ故に「もも太郎」となったそうである。

しかし、今では「ももえちゃん」という名前の桃味の氷菓も販売されている。

だがこの「ももえちゃん」は、「ももえちゃんパイン味」「ももえちゃんりんご味」「ももえちゃんうめソーダ味」と味が展開しまくっており、さらなる混乱を巻き起こしているのだ。それに対し「もも太郎」を冠した製品は未だにイチゴ味のみなのも、混沌に拍車をかけている。

それでも、もも太郎自体は本当になつかしい素朴な味であり、セイヒョーは大正時代から続く老舗である。

このように「静かな狂気をはらんでいる」ものはまだ各地に潜んでいる気がするので注意が必要だ。

桃太郎がリア充になっていやがる

【きびだんご】

岡山県

今回のテーマは「きびだんご」である。

きびだんご、と聞いて何を思い浮かべるだろうか。

まずは「桃太郎」だろう。「急募：鬼退治構成員　給与：きびだんご」という、現代でもお目にかかれないブラック企業の話である。しかし、きびだんごで鬼退治お供しますぜ、と言い出したのは、犬、猿、雉、の方なのだ。当時としては、「きびだんご」というのは「週休二日社会保険完備」とかより魅力的なものだったのかもしれない。

次に思い浮かぶのは「岡山県」だろうか。つまり桃太郎発祥の地が岡山県で、それ故にきびだんごが有名なのだろう、と考えがちだが、実は桃太郎の「きびだんご」と岡山銘菓としての「きびだんご」は、同じ物というわけではないらしい。

桃太郎でババアがこさえたのは「黍（きび）団子」で、岡山のそれは「吉備（きび）団子」だそうだ。「黍団子」はその名の通り黍の粉を団子にしたもので、「吉備団子」は昔〝吉備国（きびのくに）〟だった岡山で作られた団子である。

「吉備団子」のほうも昔は黍で作られていたかもしれないが、現在ではもち米の粉で作られており、香りづけに黍を使うこともあるが、使わない場合もあるという。

今でも桃太郎の「黍団子」と岡山の「吉備団子」の関係は証明されていないそうだ。つまり無関係の可能性も高い。しかし「桃太郎伝説」自体、動物を連れて鬼を倒すというドラゴンクエストVであり、つまりファンタジーだ。実際の犬や猿、団体などとは関係ない。

よって、せっかくたまたま同音であった「桃太郎のきびだんご」を無視して売る方が逆に嘘くせえ、ということで、岡山県は早くから「吉備団子」を桃太郎と関連付けて販売しており、今も土産物として人気を博している。

そして今回送られてきたのは「廣榮堂」のきびだんごである。廣榮堂は安政三年創業、百六十年の歴史を持つ老舗であり、きびだんごとのつきあいも百五十年だという、すごく長続きしているカップルだ。

廣榮堂のHPを見に行くと「廣榮堂のあゆみ」という文章が掲載されているのだが、非常に読みごたえがある。簡単に言うと長い。しかし百六十年もやっていて「何も書くことがない」というのも逆に問題だ。

実際その内容も、戦争、空襲、不況、震災、O-157と「本当にいろいろあった」としか言いようがない波乱万丈ぶりである。やはり何かを百六十年続けるというのは生半可なことではないのだ。

印象的なエピソードとしては、「革新の人」と呼ばれていた廣榮堂初代「浅次郎」が、広島に大本営が置かれた日清戦争時、兵隊が集まる宇品港に桃太郎のコスプレで駆けつけ、「鬼ヶ島を成敗した桃太郎の皆様、凱旋祝に故郷へのお土産は岡山駅で売っている吉備団子ですぞ」と宣伝をしたというものがある。

現代だったら即写メられて三万リツイートぐらいの大炎上だったかもしれないが、当時はツイッターがなかったためか、その作戦は大当たりで、きびだんごは飛ぶように売れたという。

この「やはりきびだんごと言えば桃太郎でござろう」という作戦は、当時だけに留まらず、平成になってからも「やっぱ桃太郎じゃね？」となった。かどうかは知らないが、あらためて「岡山のきびだんご」ではなく「桃太郎のきびだんご」として全国の子どもに食べてほしいという目標のもと、世界的絵本作家、五味太郎（ごみたろう）氏が描く桃太郎パッケージ版「元祖きびだんご」が平成五年に発売された。

そしてこれが、年間目標販売数二十万箱のところ、二百万箱売り上げたというのだから、「やはり桃太郎だな」としか言いようがない。

今回送られてきたのは、その元祖きびだんごの白桃味である。

桃太郎のきびだんごに、リアル桃を入れるというのはありそうでなかった。ちなみに黍は入っていないようだ。

味は、ほのかな甘味のやわらかい求肥の団子、という間違いなくあの親しみあるきびだんごなのだが、しっかりと桃の風味がし、それがとても良く合っている。廣榮堂は他にも様々な味のきびだんごを作っており、珍しいところで、塩レモン味の「スポーツきびだんご」なども出している。

激しいスポーツの後、きびだんごを差し出されたらそのマネージャーを張り倒すと思うが、味は美味いと思う。

ちなみにこの白桃きびだんごも五味氏のパッケージで、可愛い桃太郎や動物の絵が描かれており、特に猫が可愛い。桃太郎に猫が出て来たかはわからないが、とにかく猫が可愛い。

そして特筆すべきは、中に「オリジナル桃太郎ストーリー」が入っているという点だ。

この白桃きびだんごの箱には「この白桃きびだんごは女の子が作ってきたもので、犬、猿、雉が『このきびだんごどうしたん？』と聞くと桃太郎は白桃きびだんごのようにうす桃色になった」という話が入っていた。

誰だその女は。桃太郎がリア充になっていやがる。

きびだんごの味は変わらない。しかしやっぱり時代は変わっているのだ。

石川県

炭水化物二重奏feat.油〜完全優勝〜

【えがらまんじゅう】

今回のテーマは石川県輪島(わじま)市朝市(あさいち)通りの「えがらまんじゅう」だ。

えがらまんじゅうとは、餅でこしあんをつつみ、さらにくちなしで黄色く色をつけたもち米をまぶして蒸した饅頭である。

見た目が栗の「いが」に似ており、それがなまって「えがら」になったのが名前の由来だが、それだけでは弱いので「縁賀良(えがら)まんじゅう」というこれ以上縁起を良くするのは無理な当て字も施されている。

えがらまんじゅうの概要は大体以上だ。

石川県には江戸時代から「五色生菓子(ごしきなまがし)」という婚礼の際に五種類の生菓子を振る舞う風習があり、そのゴレンジャーの内の一つにこの「えがらまんじゅう」が入っていることから歴史は相当古いはずなのだが、歴史のある菓子にありがちな逸話などは調べた限りでは見つからず、「この俺が作りました」という誰がどこで最初に作ったかを示すような話も見当たらなかった。

コラムを書く身としては、正直、自己主張が強すぎる食い物のほうが書くことがあり、「この俺様が作った」と各社揉めているぐらいがありがたいのである。その点、このえがらまんじゅうはすでに「食ってみるしかない」という大ピンチなのだが、今から各社利権で揉めてくれとも言えないので、とりあえず食ってみることにした。

「えがらまんじゅう」は「朝生（あさなま）」という、現地の朝市で作りたてのものを食べるのが一番だそうだが、今回送られてきたのは冷凍品である。これを蒸し器で蒸すか、湿らせてレンジで温めるか、それすらしゃらくさい場合は、電子ジャーの飯の上にぶち込んでおけばいい、とのことだ。

とにかく温めた状態で食べることが肝要なようなので、とりあえずレンジで温めて食べてみた。

これは美味い。

どの俺様が作ったとか、どこの殿様に献上されたとか、ルークがダースベイダーを倒す時に持っていたとか、そういう逸話のいらない美味さである。

おそらくあんこ自体の甘さは控えめなのだろうが、温めて食べることにより甘さが非常に際立っている。そして周囲にまぶされたもち米が、普通のまんじゅうにはない食感と食べごたえを生み出しており、香ばしささえ感じる。

私が食べたのは冷凍をレンチンしたものなので、若干乾いてしまっているが、これの出来たてを食べたらさぞかし美味かろう。「朝生」が推奨されるのもわかる。

今回送られてきたのは、輪島朝市通りの「つかもと」という店のえがらまんじゅうだ。つかもとでは、出来たてのえがらまんじゅうが一個から売られており、その場で食べることもできる。えがらまんじゅう自体は通販でお取り寄せもできるが、これればかりは現地にいかないと食べられない。

もし輪島に行くという人がいたら「それなら、つかもとのえがらまんじゅうを食べた方がいいよ、朝生でね？」と行ったこともないのにアドバイスしてしまうと思う。

ちなみにこのえがらまんじゅうは、オーブンで焼いて

食べることもおすすめされている。確かに焼くことにより周りのもち米がさらに香ばしくなり、間違いなく美味いだろう。

そこであることに気付いた。

「揚げたら美味いのでは」と。

もちろん、つかもとはそんな食い方は推奨していないのだが、先日串揚げ屋に行ったら「ごまんじゅうの串揚げ」という凶悪なものが登場し、それが美味かったのだ。この理屈でいくと、えがらまんじゅうを揚げて美味くならないはずがない。

味にかんしては約束された勝利だが、しかしえがらまんじゅうはこしあんという重(じゅう)鎮(ちん)を餅でくるんだ上にもち米をまぶすという、炭水化物二重奏に挑んでいる。それに油をプラスするのは、健康とか美容以前に倫理に反しているような気がしてならない。

だが「食事」という行為自体、他者の命を奪う行為である。炭水化物を油で揚げることすら出来ぬ者が生きていけるわけがない。

そんな壮大な言い訳をしないと、なかなかやる勇気が出ない調理法だ。実はその前にうちには「エアーフライヤー」という、熱風を使うことにより油を使わず揚げ物が作れる機器があるのでそちらでも試してみたが、正直表面がさらにパサついただけであった。

世の中がこぞって「油を使わないけど揚げたみたい」を推すのは、逆に言えばそれだけ油が魅力的ということであり唯一無二の調理法だからだ。

そして今度はその唯一無二の方法でえがらまんじゅうを揚げてみた。

「完全優勝」である。

もちろん、私の肥満児舌による判断なので、そのまま食べるのがベストなのかもしれないが、もしえがらまんじゅうを手にいれた人がいたら「揚げる」も一考してみてほしい。

もちろん「自己責任」でだ。

三度笠スタイルで妙ちきりんフェイス

【旅がらす】

岐阜県

土産というのは「ここへ行ってきた」とアピるものである。時には「行ってないけど行ったことにする」証拠の役割も大きい。

しかしそれでも美味いに越したことはなく、実際美味い土産物はたくさんある。

現に私の大好きな「博多通りもん」は、例え相手が妻ではない謎の女性と旅行するアリバイ工作のために東京のアンテナショップで買われたものであろうと、関係なく美味い。

しかし、通りもんのビジュアルはシンプルを極めた饅頭である。この見た目について盛り上がれと言われても「早く食おうぜ」としか言えない。

つまり、そうは言うても土産物なのだから、味のことは置いておいて、見た瞬間「おっ」となり「どこ行ってきたんですか?」「誰と行ってきたんですか?」「あれ奥さんじゃないですよね？」と盛り上がることができるのも、土産の本分ではなかろうか、ということだ。

今回のテーマ食材は、そんな「見た瞬間のインパクト」にステータスを全振りされた菓子、飛騨高山（ひだたかやま）の「旅がらす」である。

飛騨高山と言えば、飛騨高山がある岐阜県より有名なのではないかというくらいの人気観光地である。特に、日本の昔ながらの街並みや、江戸時代そのままの建物などが残っているため、外国人観光客に人気だという。

ＹＯＵは何しに日本へ？と訊くとその理由は千差万別であり、「アメリカにも乙女ゲーはあんだけどこっちの男キャラは全員顔が濃くてマッチョだがら、日本の美青年がしこたま出るヤツを買いあさりに来た」という女狩人の方もいらっしゃるが、飛騨高山にくる人というのは前述のような「エキゾチックジャパン」を求めている場合が多い。

よって、土産物だって一目で「おっ日本に行ってきたんだね！」「誰と？」「あれユーのワイフじゃないよね？」となる方が良いのである。

その点「旅がらす」は、日本人でも「おっ!?」となる。

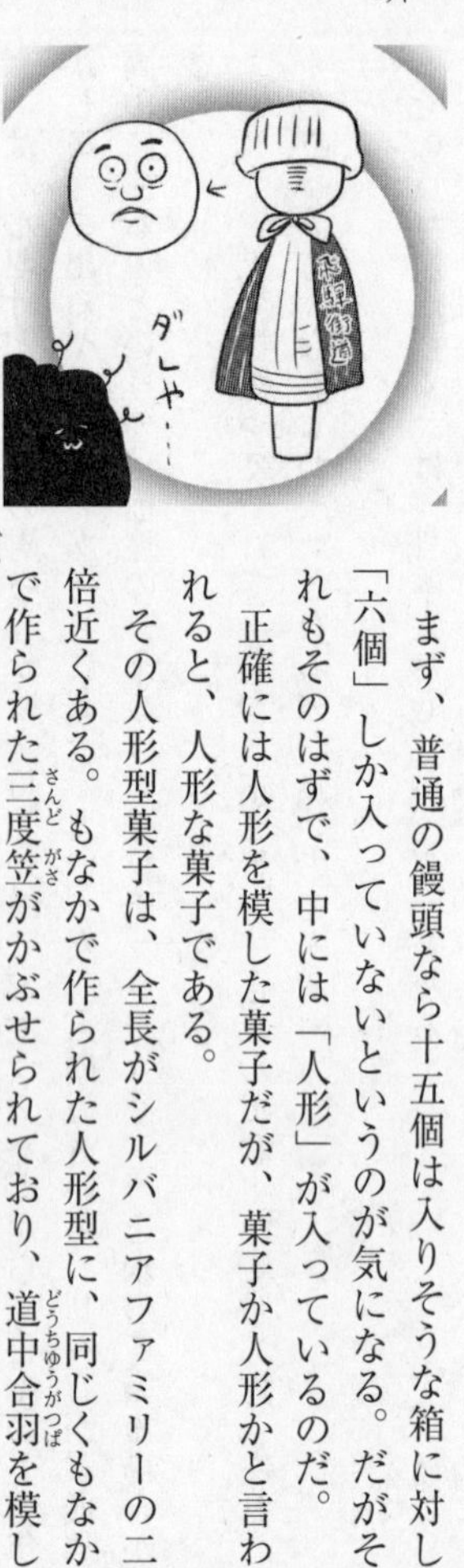

まず、普通の饅頭なら十五個は入りそうな箱に対し「六個」しか入っていないというのが気になる。だがそれもそのはずで、中には「人形」が入っているのだ。

正確には人形を模した菓子だが、菓子か人形かと言われると、人形な菓子である。

その人形型菓子は、全長がシルバニアファミリーの二倍近くある。もなかで作られた人形型に、同じくもなかで作られた三度笠がかぶせられており、道中合羽を模したマント状の紙がちゃんと紐で結ばれている。非常に手が込んでおり、見た瞬間のインパクトが抜群だ。これを渡して何も言わない奴とは一生話が弾まないだろう。さらに三度笠は着脱可能であり、はずすと顔が出てくる。この「顔」については意見が分かれており、キツネと言う人もいればタヌキと言う人もいる。つまり「微妙なツラ」が出てくるのだが、これもこの菓子の面白さの一つである。

「見た瞬間のインパクト」にステータス全振りと言ったが、もちろん菓子としてもちゃんと成立しており、もなかの中にはあんこが入っている。このあんこが美味い。

そしてあんこの量は、人形の大きさに対し抑えられているため、くどくなっておらず、見た目の破天荒さに対し味は堅実な日本の和菓子である。確かに見た目がエキゾチックジャパンでも、素材がクリスマスのケーキに載っている砂糖で出来たサンタと同じなら「それいつも食っているよ」と観光客もご立腹だろう。旅がらすは見た目だけではなく、内容もちゃんとした「ジャパンの土産」なのである。

実際、「旅がらす」は二〇一六年度全国おみやげグランプリ各国審査員賞（アメリカ）を受賞しているそうだ。つまりアメリカでは「誰と行ってきたかは別として日本に行ってきた証拠」としてこの旅がらすが活躍しているということである。

この「旅がらす」を製造しているのは、岐阜県高山にある「まるでん池田屋」だ。まるでん池田屋は大正時代からの老舗で、旅がらすの他にも、五平餅など多くの菓子を製造販売している。

この旅がらすは「もう一度飛騨に行きたくなるように」という願いを込めて作られているそうだ。だが残念ながら、この旅がらすがどのように製造されているかは調べることが出来なかった。この手の込みようからして、全て機械というわけにはいかないだろう。少なくとも三度笠をかぶせたり、道中合羽を巻く工程は人力な気がする。「ベテランが最後三度笠をかぶせる」などのルールがあったりするのだろうか。一度その製造現場を見てみたいものである。

死ぬほど旨いから炊飯器にぶちこんで炊け

【いちご煮】

青森県

今回のテーマは「いちご煮」だ。

三十年前のグルメ漫画なら「イチゴを煮たゲテモノなんぞよう食わんわ」という小ネタを挟んで三ページは稼げるところだが、さすがにもうイチゴを煮たものではないことぐらい知られている。

そもそも「いちご煮」とは青森八戸(はちのへ)市とその周辺の名物で、ウニとアワビの吸い物だ。ゲテモノどころかダブルラグジュアリーである。だが、八戸名物と言っても、いちご煮は香川で言うどんつゆのように、蛇口をひねったら出てくるタイプの名物ではない気がする。

そもそも名物というのは、香川のうどんや東北の芋煮のように、県民の生活どころか血管に直に流れているとしか思えないほど日常的に食われているものと、「地元民もそんなに食ってない」ものにわかれる。

我が故郷の山口も名物に「フグ」が挙げられることが多いが、山口県民がサバ感覚でフグを食っているかというと滅多に食べない。何故なら山口でもフグは高級品だからだ。よっていちご煮も「八戸はそこら辺の石をひっくり返せばウニとアワビがいるから安い」ということはなく、日常食にするには高すぎる代物だと思う。

実際いちご煮は、元は漁師が浜辺で食う豪快料理だったが、そのうち「上客への出し物」として使われるようになったという。つまり丁重にもてなしたいか媚びたい相手に出す「ごちそう」である。もちろん、地元料理の実情というのは地元の人間にしかわからないので、他県の人間が語ると必ず怒られるようにできており、実際は水道をひねればいちご煮が出るし、暑い日は浴びてたりするのかもしれないが、一応「晴れの日に食べるもの」という位置づけだそうだ。

今回送られてきたのは「味の加久の屋」のいちご煮である。

どういう状態で売られているかというと「缶詰」で、中を出して温めればすぐにいちご煮が楽しめる。実に手軽だが、値段は軽くない。一缶で一〇〇〇円以上はする。

さすがウニとアワビ、汁物としてはかなり高い。

このいちご煮缶は、そのまま飲んでももちろん良いのだが、どうやら「炊き込みご飯」にするアレンジが有名なようだ。むしろいちご煮をもらったなら炊き込みご飯にしないともったいない、ぐらいの勢いだ。

確かに私は「これで良いものでも食え」と金を渡されたら脊髄反射で「焼肉」と言ってしまうし、ちょっと考えたとしても「カニ」止まりであり、とてもウニやアワビまで発想が至るような身分ではない。つまりウニやアワビの良さがわかるところまで食った経験がないのだ。

よって、汁物のまま食べて、いちご煮の美味さが理解できるのか疑問なところがある。炊き込みご飯という「こちら側」に寄せて食べた方が絶対に良い。

とにかく「悪いことは言わないから炊き込め」というアドバイスに従い炊き込みご飯にすることにした。

作り方は簡単。米を研ぎ吸水させたあと、いちご煮缶の中身を全部入れて炊くだけだ。まず缶を開けた瞬間、強い磯の良い香りが漂う。だが、粉末のマツタケの吸い物のように、香りだけで身は「食い終わったあとか?」という程度しかない。しかもそれすらマツタケではなくツイタケだという。このいちご煮はそんなことはなく、ウニもアワビもふんだんに入っている。

炊き上がりが近づくにつれ、炊飯器からは確実においしそうな匂いがする。正直ウニやアワビより「カルビ」と言われた方がテンションが上がるタイプだが、炊き込みご飯にしたことにより「食べるのが俄然(がぜん)楽しみ」となった。

そして出来上がった炊き込みご飯は本当においしかった。香りがよく、米全体にウニの味が行きわたり、そして何より食べやすく、ガツガツイケてしまった。

いちご煮缶は他にもアレンジ料理があり、パスタに使ってもおいしいようなので、もう一缶はそれで食べてみようかと思う。

まずはそのまま食べろよと思われるかもしれないが、何せウニとアワビという平素(へいそ)食べなれないものなので、食べなれた形にした方がおいしく感じられる気がする。やはり美味いものは美味く食ってこそだろう。

ちなみに何故「いちご煮」という名前かというと「赤みが強いウニの卵巣の塊が、野イチゴの果実のように見えることから」とのことだ。

まさかのあの「イチゴ」由来であった。食べ物を食べ物で喩えるというのは女優を紹介する時に「女優の○○さんに似てることでおなじみ」と喩えるような下策にも思

えるが、星座と同じで「そう見えた」のだから仕方がない。

ちなみに青森には「せんべい汁」という名物汁がある。こちらは「何かがせんべいに、見えた」ということではなく、そのまんませんべいをいれた汁の事である。

もしかしたら、ウニとアワビという高級食材を使っているだけに、何かひねった名前にせねばと思った結果、まさかの「いちご」になったのかもしれない。

滋賀県

愛情を注がれたおピッグ様がトンカツに……

【藏尾ポーク】

今回のテーマだが「とてつもなく立派な豚肉」が届いた。まるで高級牛肉のように霜降りの入った厚切りの豚ロースである。

この時点で「優勝」は決まったようなものだが、今後の展開で「予選リーグ敗退」になりかねない。何故なら「調理の必要がある」からだ。

豚肉というのは、どれだけ高級品でも「まずは素材そのままを塩でどうぞ」というしゃらくさい食い方は許されない。つまり生で食ってはならぬのだ。

もちろんこの肉の佇まいから、「ちゃんと火を通すことができれば優勝」、「名前が書ければ合格」というZランク高校の入試級の約束された勝利を感じる。

しかし私はこの肉を見た瞬間「トンカツ」だな、と思ってしまった。やはり絶対美味い豚肉なら、個人的に最も美味いと感じる豚肉料理にして食うべきだろう。

ただ、私は正直言って料理が下手なのだ。それもセンスがないとかではなく理由がわかっている下手さなのだ。

まずレシピ通り作らない。完全に無視するわけではないが「めんどくせえな」と思うものは平気で一、二手順飛ばす。また材料も揃えない。「これはなくても大勢に影響はない」と己が判断したものはないままで作ろうとする。

そして時間が守れない。「火が通ってから」とか「油が熱し終わってから」とか言うのを待てずに次々に工程を進めるし、逆に待ちすぎて、具材を一つ二つ液状化させるのは日常茶飯事だ。

特に揚げ物というのは料理の中でも難しい。外側だけ焦げて中身はレアとか、全体的に消し炭ということが起こりがちだ。

そして料理の下手な奴の特徴は「作ったものが不味い」だけではない。「料理した跡がハチャメチャ」なのだ。特に揚げ物はハチャトゥリアン度が高い。よってうちでは潔く「揚げ物はしない」という方針を取っており、トンカツなどは、油を使わない「エアフライヤー」というしゃらくさい器具で作っている。

しかし、うちにも天ぷら鍋はある。「これは油で揚げないと天罰が下る」というものが来た時用だ。そして今回の肉は確実に「天罰級」だった。よって久々に天ぷら鍋を出し、トンカツを作った。

このロース肉は非常に立派なため、うちにある鍋では一枚ずつしか揚げることができない。そして非常に厚いため、気をつけないと「生焼け」もあり得る。牛なら「レア」で押し通せるが豚だとそうはいかない。

結果、上手く出来たとは言い難いが、落雷が落ちてこない程度のトンカツができた。

このトンカツだが、控えめに言って死ぬほどおいしかった。

肉がすごく柔らかく脂身まで美味い。出来たトンカツはいつも食べている物にくらべかなりの「巨大」で、「食べきれるのか」と思ったが杞憂も良いところで、瞬殺であり家族にも大好評だった。私が作ったものが大好評など、五年に一回ぐらいしかない。そのぐらい豚のポテンシャルがすごい。

その後で、担当から送られてきた、今回のテーマである「藏尾ポーク」に関する資料に目を通したのだが、結論を言うと「これを読んだのが食った後で良かった」だ。

その資料には、藏尾ポークがいかに豚に対しこだわりと愛情をもって飼育しているかがつづられていた。

何と飼料にバームクーヘンを使用しているのだそうだ。明らかに私より良いものを食っている。だが仮に私が同じものを食ってもただの肥満中年になるだけだろう。良い物を食った分だけおいしくなってくださるおピッグ様は尊い。

他にも、飼育環境は常に清潔、温度管理も常にされており、飲ませる水もマイナスイオン水だという。そして毎日飼育員により一匹一匹体調を管理されているのだ。

あまりにも豚に愛情を注ぐので藏尾ポークは「どうせ肉にするために育てているのに……」と疑問を持たれることさえあるという。

確かに私のような「食うだけ」の人間は、生き物の命を食っているという感覚が希薄なので、資料に載っている飼育員の方が子豚を抱いている写真を見ただけで「こ、この子豚ちゃんを……?」と思ってしまう。だが藏尾ポークは「だからこそおいしいと言ってもらえるように育てたい」という信念でやっているという。

そしてその通りに私はこの豚肉を「メチャクチャ美味い」と思ったわけである。藏尾ポークが豚に注いだ愛情はメチャクチャ美味い豚肉として我々に届いているのだ。

非常に感銘を受ける話だったのだが、それでも食う前に読まなくて良かった。トンカツというのは、「IQ2」ぐらいで食べるのが一番美味いからだ。

命をいただいているということを忘れてはならないが、美味いトンカツを目の前にして「これは尊い命……」と神妙なツラをして食べるのは「おいしく食べて欲しい」という藏尾ポークの願いをかえって無下にする結果になってしまっている。

よって、豚肉の背景とか一切考えず、偏差値0・2のままトンカツにし「うめー！」以外語彙が消失した状態で食べきれて本当に幸運だった。

そして食べ終わった今、おピッグ様と、藏尾ポークの方々に改めて感謝である。

総額一〇〇万円をかけたインプラントが粉砕

【いちゃがりがり】

沖縄県

今回は、今までで一番有益なことが書かれているのでぜひ読んでいって欲しい。

テーマは沖縄の菓子である。沖縄には行ったことがない。行きたいとは思っているが自分にとって「行きたいと思いながら死ぬ場所第一位」なことも否めない。しかし、そんなあの世より遠い場所である沖縄の菓子が、輸送技術により現地に行くことなく食べられるのはありがたいことである。

そう思いながら、何の説明も見ず、送られてきた菓子をまず一口食べてみた。

一撃で歯が粉砕。

粉砕は若干オーバーだったが、「この菓子やけにジャリジャリする、原材料は「砂」か？」と思ったら、一生懸命粉々になった自分の歯を食っていたという話である。

だが「歯」というのにも実は語弊があり、正確に言うと「総額一〇〇万ぐらいかかったインプラント」が欠けた。つまりこの原稿をどれだけ一生懸命書こうがすでに赤字なのだが、故に大事なことも書ける。

この沖縄の菓子「いちゃがりがり」は「決して勢いよく食うな」ということだ。人によっては、ダンプカーにぶつかり稽古を挑むようなことになってしまう。食い物を見たら、道に落ちているものでも取りあえず口に運ぶ習性があだになってしまった。

このように「いちゃがりがり」の最大の特徴は「堅い」ことである。名前の由来としては、「いちゃ」は「イカ」のことであり、それをがりがり食うから「いちゃがりがり」だ。

私は歯がブレンドされたことによりジャリジャリになってしまったが、本来はがりがり食べるものなのだ。見た目はかりんとうのようで、その芯にスルメが入っている。

一口目で歯が砕けたが、それは次の歯科検診まで置いておいて、気を取り直してもう一度挑んでみた。だが「これは一生食べられないのでは」と思った。歯を立てないとなると「舐める」ぐらいしかできないうえ、舐めて柔らかくなるような代物ではないのだ。

図らずも「一生なくならない食べ物」を発見してしまったのだが、ずっとこれを舐め続けていたら、いつか餓死するだろう。

意を決して、砕けてない方の歯で慎重に噛んでみたが、どうやらこれは食べるのにコツがあるようだ。一度上手い具合に歯で割ることができれば、後は結構簡単に噛み砕くことが可能だ。この原理、まるでさっき砕けた歯のようである。

歯のことは一旦忘れよう。

味は「良いツマミ」である。凶悪な固さも一度噛み砕いてしまえば、ちょうどいい歯ごたえだ。油で揚げているからか、香ばしく、イカの風味も良い。
だが、一番気になるのはこの「堅さ」である。一体何をやったらこんなに堅くなるのか。原材料を見ると「小麦粉、するめ、植物油、食塩」と至ってシンプルであり「鉄鉱石」などは入っていない。

やはり他の人間もそれが一番気になっているらしく、「いちゃがりがり」でググるとまず「いちゃがりがりの固さの謎に迫る」という記事（「DEEokinawa」より）が出てくる。その記事によると、いちゃがりがりの堅さの秘密は、低温と高温の油で30分ずつ揚げることだそうだ。
揚げ時間としては相当長いため、気をつけないと焦げてしまう。いちゃがりがりの製造には熟練の技術を要するのだ。

そして、何故ここまで固くしたかというと、私の三桁万円のインプラントを粉砕するためではなく、「保存を効かせるため」だったという。元々はスルメのゲソの天ぷらを売っていたが、それだと腐りやすいと苦情がきたため腐りようがないぐらい固くしたそうだ。

クレーマー対策のためにクレームがきそうなぐらい固くしたという逆転の発想だが、意外にも「固すぎる」というクレームはなく「もっと固くした方が良いのでは」という意見もあるそうだ。世の中には辛い物好きのように、固い物フェチもいるのである。

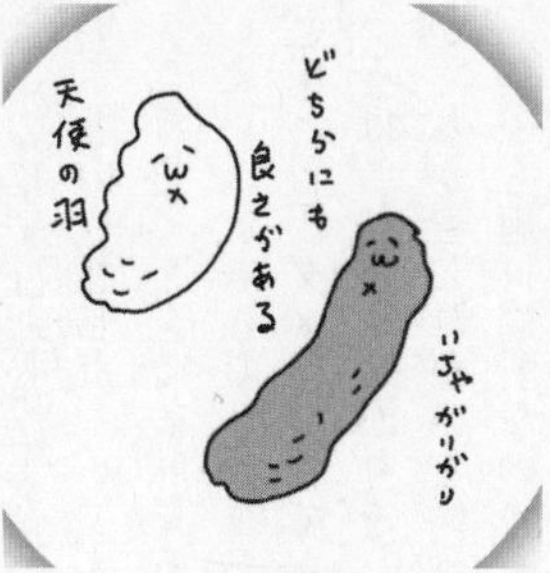

今回送られてきたのはこの「いちゃがりがり」ともう一品ある。「天使のはね」という菓子だ。

分類するならスナック菓子になるのだが、この「天使のはね」は「音を立てずに食べられるポテトチップス」というのが売り文句で、固さはおろか、サクサク感もない。敵に感づかれることなくスナック菓子が食べたいという時にぴったりの菓子だ。

この菓子は非常に表現が難しいのだが、一言でいうなら「薄味のしけったせんべい」という感じだ。

こう書くと全く美味そうに聞こえないが、まずこの天使のはねには絶対歯が折れないという大きな長所があるし、あっさりしているので胃にももたれない。今よりもっと歯と胃がダメになってもこの天使のはねなら食べることが出来るだろう。

今はいちゃがりがりをバリバリ食っている者も、いつかは天使のはねに抱かれる日がくるかもしれないということだ。

菓子も適材適所なのである。

ポンコツによって生み出された想定外のパン

【ぼうしパン】

高知県ふたたび

今回のテーマ食材は見た瞬間に「ぼうしパンだ」と思った。

その名の通り、帽子型が特徴的な形のパンであり、私も食べたことがある。

しかし「ぼうしパン」には驚かなかったが、ぼうしパンが「高知のご当地パン」だということには驚いた。そんなバカな、お前は誰でも知っているし、どこのスーパーにでもおるやんけと思ったが、私が知っているのは、ぼうしパンではなく、おそらく過去に山崎製パンが作っていた「メルヘンハット」他「ぼうしパン」の類似品であろう、ということが判明した。

これは「萩の月案件」である。

仙台銘菓「萩の月」には「似たような菓子」が全国に五十種類以上あると言われて

いる。何かがウケると、絶対に「似たようなもの」が生まれてしまうのだ。

しかし一過性の流行りものなら、本元が廃(すた)れた時点で類似品も消えるが、銘菓のようにオリジナルがずっと残り続けるものは、類似品の歴史も同時に長くなってしまう。そうなると、その類似品こそがオリジナルと思っている人間も多くなる。私などは萩の月を見ると、地元山口のジェネリック萩の月こと「月でひろった卵」に似ている、と感じてしまうのだ。

よって、山崎製パンの「メルヘンハット」もしくはそれに似た「スイートブール」を知っている者はいるだろうが、おそらくそれの元になったと思われる「元祖ぼうしパン」が存在し、それが高知のご当地パンだと知っている人間は少ないのではないだろうか。

その元祖「ぼうしパン」だが、誕生したのは昭和三十年ごろで、意図的にではなく「失敗」がきっかけで生まれたのだという。

とあるパン工場で、職人がメロンパンを作っていた時、普通メロンパンというのは生地を発酵させる前に、表面のビスケット生地をかけるのだが、その日はビスケット生地をかけ忘れたまま発酵してしまったそうだ。

それに気づき、発酵後の生地にビスケット生地をかけて焼いたところ、ぼうしのような形に焼き上がったのがぼうしパンのはじまりだという。

このようにぼうしパンはポンコツから生み出されている、ということである。

もちろん、人間だもの、とみつをが言っている通り、うっかりは誰でもある。ビスケット生地をかけ忘れて発酵しちゃうこともあるだろう。しかし、ここで生真面目な人間なら「これは失敗だ売り物にならねえ」と廃棄したり、その時点で上司に報告したりするだろう。

おそらくだが、この職人は「何とかごまかせねえかな」と思ったんじゃないだろうか。「発酵後にビスケット生地をかけても普通のメロンパンが出来上がって失敗がバレない」方にワンチャンかけたのではないか。少なくとも私がその職人ならそうしたと思う。

その結果、メロンパンにはならなかったが「別の何か良さそうなもの」が爆誕したのである。

このように「人間のうっかりや、だらしなさから生まれた料理」というのは結構存在するのである。特に「忘れて放置していたら、何かできてた」という料理はかなりある。

つまりこの世にボンクラがいなかったら、我々の食生活はもっと貧しかったかもしれないということだ。もっとボンクラに感謝すべきである。

そんなうっかりから生まれたぼうしパンだが、その後試行錯誤の末ビスケット生地ではなくカステラ生地を使った「カステラパン」として売り出された。しかし、何せ形がぼうしなので客から「ぼうしパン」と呼ばれそのまま定着したという。

味は「甘いパン」という言葉がぴったりな、柔らかく素朴な甘さのパンだ。

この嫌いな人がいなさそうな感じは萩の月に通じるものがある。「派手さはないが決して消えない」という感じがする。そしてぼうしパンには本体のパン部分と、ぼうしのツバ、つまり「みみ」部分がある。パンにかけられたカステラ生地のみが焼かれた部分だ。

この「みみ」こそがぼうしパンの本体という人もおり、私も実は「みみ派」である。このみみ部分はパン部分に比べサクサクしていておいしいのだ。

しかもこの「みみ派」は少数派ではなく、むしろ「本体派」よりも多いそうで、その「みみ派」のニーズに応えるため「ぼうしパンのみみだけ」の製品も売られているのである。

これはぼうしパンだけではない。山崎製パンのメルヘンハットも「メルヘンハットのみみ」という、みみ部分のみの商品が売られている上、本体の「メルヘンハット」よりもこの「みみ」の方がよく売られている。というか「みみ」しか売ってないことも良くあるので、私は「みみ」の方を先に知り、その後本体があることを知ったという感じだ。

このように、人間のうっかりから生まれ、その後本体よりも、その副産物の方がウケるという、その素朴な見た目と味には似つかわしくないドラマがぼうしパンには秘められているのである。

カレー×油＝暴力×暴力

【半熟カレーせん】

茨城県

今回のテーマ食材は「煎餅屋仙七（せんべいやせんしち）」の「半熟カレーせん」という菓子である。
この菓子はあの「アメトーーク！」で紹介されたこともあり、その時の雨上がり決死隊の宮迫（みやさこ）氏のコメントは「カレーです」だったそうだ。それは名前の時点で何となくわかっていたことだが、とにかくカレーという看板に偽りがないことだけはわかった。
では一番気になるであろう「半熟」とは何かというと、生焼けというわけではなく、所謂「ぬれ煎餅」だ。つまりこの半熟カレーせんは、カレー味のぬれ煎餅ということである。
まず、ぬれ煎餅とは何かというと、焼いた後にタレにつけた煎餅で、しっとりした食感が特徴である。だがこの「しっとりした食感」というのは悪く言うと「湿気っている」とも言える。

しかし、食に関しても人間は様々な性癖を持っている。ポッキーのチョコ部分をベロベロに舐めてプリッツにしてから食ったり、アメリカンドッグの棒にこびり付いているカリカリ部分をコレクションしたり、バターを股間に塗ったりと、スタンダードな食い方を無視した方が美味い。もしくは気持ちいいと感じる人間がいるのだ。

カップラーメン一つをとっても、湯を入れた瞬間から食い始めるバリカタ派がいるかと思えば、原料に戻るまで伸びさせてから食う奴がいたりと、様々な変態性を発揮する。

その中で言えば「菓子はちょっと湿気ったぐらいが好き」というのは割とメジャーな癖である。

そんな癖を持つ者からすれば最初から湿気っている「ぬれ煎餅」はまさに垂涎の商品なのだが、このぬれ煎餅が登場したのはわずか五十年前である。

ちなみに煎餅自体の起源は縄文時代らしい。桁が違い過ぎる。

しかも登場した当時は「湿気っている」という至極当然のクレームがつき、なかなか受け入れられなかったという。「湿気り好き」は確かに存在するが、やはり「湿気ってない方が良い」という人間の方がマジョリティなのだ。

それが徐々に口コミなどで広まり、「これはこれであり」と普通の商品として受け入れられたのは、本当につい最近のことのように思える。マイノリティが市民権を得るには時間がかかるのだ。人権問題の話をしているみたいになってしまったが、煎餅の話である。

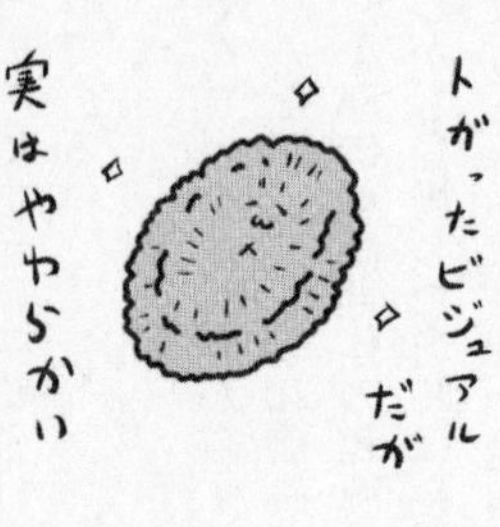

この半熟カレーせんも、煎餅をカレーダレに漬けて、ぬれ煎餅食感を作りだしているのだが、焼きではなく「揚げ煎餅」なのがポイントだ。

「カレー」というパワーに「油」というパワーをぶつけているのだ。いわば「暴力×暴力」である。強くならないはずがない。

しかし、そんな尖りきったスタイルでありながら、食感は「やわらかめ」なのである。

ぬれ煎餅というだけでも、好事家（こうずか）にはたまらないものがあるだろうに、それにカレー、さらに油ときたら、これはもはや合法かどうか怪しいレベルになってくる。

その予想通り「陳列棚にあった奴を全部買い占めてしまった」という、それなしでは生きていけなくなった人の生々しいコメントが「お客様の声」としてHPに掲載されている。

このように、この半熟カレーせんは非常にクセになる菓子なのだ。カレー味の揚げ煎餅と言われたら一枚食えば十分な気がするのに、その不思議な食感がクセになってしまい、一袋があっという間に消える。

仙七の商品は通販も出来るが「商品によっては一か月待ち」とのことなので、各地に相当数のリピーターという名の仙七ジャンキーが存在すると思われる。責任はとれないが一度取り寄せてはいかがだろうか。

ちなみに「煎餅屋仙七」だが、このような先進的な商品を作っているので新しい会社かと思いきや、元は昭和七年から続く老舗なのである。

しかし新しいことにも挑戦的なようで、革新的な商品開発をしながらインスタグラムもやっており、インスタ映えする煎餅写真が並んでいる。

カレーせんや餃子焼生煎餅など、若者が興味を示しそうな商品を作っている一方で、スタンダードな昔ながらの煎餅も多い。特に「醬油名匠」を受賞しているというだけあって、しょうゆを使った商品には自信があるようだ。

「醤油名匠」とさらっと言ったが、多分みんな知らないだろう。

二〇〇三年からはじまった、日本醤油協会主催の醤油使いの名人を表彰する賞だそうだ。世の中にはいろんな賞がある。ひとつぐらい間違って私に与えられないのが不思議なぐらいだ。

しかし仙七が与えられている「醤油名匠」は間違いではないので、ここのしょうゆ商品は間違いなく美味いと言っていいだろう。

半熟カレーせんは、一度食べると後戻りできなくなる危険性があるので、まずスタンダードなしょうゆから挑んでみてはどうだろうか。

こしあん勢必死のラップバトル

【人形焼】

東京都

食べ物にも派閥というものがある。

もっとも有名な戦いとして日本史の教科書にも掲載予定と言われているのが、ご存じ「きのこたけのこ戦争」であり、こちらは未だに終戦しておらず、今でも日夜手段を選ばない攻防が続いている。

最近では「芋煮戦争」も有名だ。山形VS宮城という局所的戦いでありながら、芋煮を知らない外部の人間がうっかり口を出すと巻き込まれて戦死するという「流れ弾による死者」が多い戦いとしても知られている。

だがそれよりも古くから、全国規模で繰り広げられている戦いがある。

「こしあんVSつぶあん」だ。

そもそもあんこが苦手、という人間がいるため、兵の数はそんなにいないように思えるが、そのあんこ苦手勢が「でもこしあんならギリで食べれる」などと言いだしたりするので、そのたびに戦場の空気がピリつく。

むしろ「あんこが苦手だけどこしあんは食べれる勢」のほうが、半端なこしあん好きより、強固なこしあん派としてつぶあんに攻撃をしかける「切り込み隊長」になりがちなため、そうなるとつぶあん派も黙っちゃいられねえ、となってしまう。

自分の支持するものをアゲるために、相対するものをサゲるというのは下策であり、「あそこのファン層は民度が低い」と逆に評価を下げる一因になってしまうのだが、食べ物での争いでは互いのディスが公然と行われている印象だ。

つまり食の戦争とはラップバトルなのである。「汚いさすがきのこきたない」とどれだけ巧みに相手をディスるかも評価ポイントとなるのだ。

今回のテーマは一言で言うなら「こしあん勢歓喜」であり、こしあんラップのリリックには必ず登場するであろう逸品だ。


人形焼、これが今回のテーマである。

文字通り人形の形をしたカステラ生地の中にあんこがたっぷり入っている。発祥はこれまた「日本橋人形町（にんぎょうちょう）」と言われているが、東京下町名物として各所で売られている。私も「こち亀」で人形焼の存在を知った気がする。

今回の人形焼は錦糸町の「山田家」の人形焼だ。

人形焼の形は、店によって違うが、山田屋の人形焼は「たぬき」だ。

いきなり人形焼ではなく「たぬ形焼」なのだが、ここのたぬきは江戸文化研究家でもある漫画家の宮尾しげを氏にデザインを依頼した、こだわりのたぬきだそうだ。また、包装紙にもこだわりがあり、民話『本所七不思議』が一面に描かれている。

この包装紙にはファンが多く、中には「包装紙だけくれないか」と言ってくる者もいるそうだ。まるでブランドのペーパーバックだ。

このように、あまた人形焼がある中で「山田家の人形焼※ただしたぬき」というブランドを早くから確立した、やり手企業なのである。

しかし、人形焼（たぬき）自体は至ってシンプルだ。
薄いたぬき形カステラ生地に、こしあんがたっぷりと入っており、こしあんが勝利を確信する味である。何しろ山田家創業者自体が「こしあんこそが最上」という、こしあん原理主義なのだ。こしあん好きが作るこしあん菓子に狂いはない。

こしあん派がこしあんを推す理由に「食べやすい」というのがあるが、この人形焼のこしあんもキメが細かく、あんこだが「サクサク食べれる」という言葉がぴったりだ。

また美味いだけでなく「でかい」。下町の食べ物として「でかい」「安い」ははずせないポイントらしく、たぬき一つでもかなりの大きさであり、それが箱にずらっと並んでいる様は迫力がある。

一瞬「食べきれるか？」と思うが、前述通り思った以上にサクサク食べられてしまうし、ラップに包んで冷凍保存も可能だという、そういうところも庶民の味方だ。

しかし、冷凍したらさすがに味が落ちるのでは、という懸念もあるだろう。だが安心してほしい、この人形焼は「揚げ」という食べ方も推奨されている。安心というより「禁じ手」を勧められている気がするが、食べ物というのは健康を犠牲にすることにより美味くなるという等価交換の世界なのだ。

他にもトーストしたり、さらにアイスを添えたりと、シンプルながらその食べ方はバリエーションに富んでいる。

現在では、先代が人形焼を焼く姿を見て育った兄弟が店を継いでいる。

漫画なら兄弟のどっちかが「うちの人形焼は古いんだよ」と、あんこに生クリームを入れ出したり、人形を萌えキャラにしようとしだしたりしそうなものだが、山田家の場合は、おじさん二人が今でも仲良く昔ながらの人形焼を焼いているという。ただ、甘さに関しては「現代風に少し甘さ控えめにした」とのことである。あんこがたっぷり詰まっている割に食べやすいと感じたのは、この現代風アレンジのおかげだろう。

こしあん原理主義過激派からすれば「ぬるい」改変かもしれないが、それでもこしあん欲を十分に満たしてくれる逸品である。

「クルミッ子」界の掟に翻弄されっぱなし

【クルミッ子】

神奈川県

「クルミッ子」というお菓子をご存じだろうか。

鎌倉の「鎌倉紅谷（べにや）」が作る今人気の銘菓だという。自家製のキャラメルにクルミをぎっしりと詰め込み、さらにそれをバター生地でサンドした代物らしい。

如何にも美味そうだと思う。しかし、若干胃の年式が古いものからすれば、過積載（かせきさい）すぎて「誰か降りてくれ」というブザーが鳴らぬでもない。

しかし結論から言うと、このクルミッ子、全く「こってりし過ぎ」ということはない。とくに見た瞬間「甘そう」と思うのだが、正直、甘さに関しては「控えめ」と言っても良い。

なぜなら「クルミをぎっしり」の「ぎっしり」が冗談じゃなさすぎて、キャラメル部分はもはや「つなぎ」ぐらいの役割であり、バター生地も薄い。

つまり「クルミッ子」はもはや「クルミ」なのである。

クルミが完全に主役であり、それを若干のキャラメルと香ばしいバター生地が引き立てている状態なので、全くクドくないのだ。ここでキャラメルもバター生地も「俺も！ 俺も！」と言い出したら、この菓子は重量オーバーで退場になっていたと思う。そのものに濃い味があるわけではないクルミを、甘いキャラメルが補い、さらにバター生地が食感と香ばしさを添え、非常にバランスの良い、食べるものを選ばない銘菓になっている。全国で大人気だというのも頷ける。

しかもクルミはナッツ類でオメガ3脂肪酸を最も多く含んでいる。それが何に良いのか見当もつかないが「オメガ」というからには強いに違いない。他にもクルミはいろいろ含んでいる栄養価の高い食べ物だ。よって、クルミッ子は胃にクるどころか、一周回って健康に良い「ヘルシー菓子」のカテゴリに入れても良いのではないだろうか。

そんな売り切れ必至の人気商品にも拘わらず、クルミッ子は未だに職人の手による手作りだという。正直「体力的にキツい」らしいのだが、それでも日本中で人気なのが嬉しくてたまらないので、「でもやる」という精神で手作りを続けているそうだ。

目先の利益ではなく、まずは純粋に人を喜ばせたいと思う心が後々利益を生む、という好例である。しかし、それは作り手が言うことであり、作らせる側が「後であなたの利益になりますから今はタダで」というと、ツイッターが炎上するので言ってはいけない。

これだけではただの良い話なので、もう一つ「クルミッ子検定」という記事（あなたは「クルミッ子検定」何級？　鎌倉紅谷の社長においしさの秘密を聞いてきた／Ｒｅｔｔｙグルメニュースより）がなかなかキレていたので紹介したい。

「クルミッ子検定」とは、クルミッ子ファンという意味での「クルミッ子」たちへの挑戦状、というわけではなく、クルミッ子に関する社長へのＱ＆Ａ集であり、この知識さえあれば、あなたもクルミッ子マスター、どこに出しても恥ずかしくないクルミッ子というわけである。

紛らわしいので先に進むが、まず一題目が「クルミッ子の正しい表記は？」だ。

さすが「検定」というだけあって「そこから？」という意外性がある。

まず答えから言うと「Ｋｕｒｕｍｉｃｃｏ」だ。商品を若干ひねったローマ字表記にすることは珍しくないのだが、この表記になった理由のコクが深い。

数年前、一人の「クルミッ子」から自身のアカウントに「クルミッ子」という文字を入れていいかというメッセージがきたそうだ。

パクリ、無断転載が横行する世の中において、わざわざ個人アカウントにクルミッ子と入れて良いかと公式に許可を仰ぐ姿勢、まさにクルミッ子の鑑だ。

そのクルミッ子が入れようとした文字が「Ｋｕｒｕｍｉｃｃｏ」だったという。それを見た社長が「それいただき」と思ったため、クルミッ子の表記は「Ｋｕｒｕｍｉｃｃｏ」になったそうだ。

同人で流行った要素を公式が取り入れる、という最近のアニメ界隈などで見られる現象がまさかクルミッ子でも起こっていたとは思わなかった。

ちなみに、そのクルミッ子は今では鎌倉紅谷のスタッフになっているという。逸話として完成されすぎている。

第二問目は、クルミッ子のパッケージにいるリスの名前は?という問題だ。

答えは「リスくん」である。

第一問目が全く予想もつかない展開だったのに対し、このドストレートさ、さっきからクルミッ子検定に翻弄されっぱなしだ。

このリスくんは、クルミッ子のアレンジ商品が楽しめるカフェの「隠れキャラ」としてカフェ内やラテアートにこっそりいるらしいのだが、「残像のようなリスくん」や「おぼろげに浮かぶリスくん」が確認でき、「リスくんとは概念なのか」と思わせてくれる哲学的なキャラクターだ。

その後も若干様子がおかしいQ&Aが続き、何と九問目に「クルミッ子誕生のきっかけ」が出てくる。表記が一番に出て来て、九番に誕生秘話が来るというひっかけ問題だ。

ちなみにクルミッ子が生まれたのは他製品のあまりを無駄にしたくないという「エコロジー精神」から生まれている。

このように随所が面白いクルミッ子検定なのだが、一番面白いのは「全部真面目にやっている」という点だ。一切ふざけていない結果、半端なふざけより面白くなっているのである。

真面目にやることが如何に大切か、クルミッ子は改めて教えてくれた。

公式キャラクターが踊り狂う菓子店がある

【ぴーなっつ最中】

千葉県

今回のテーマ食材は「千葉県」のものだ。
千葉と言ったら「落花生」と「ディズニーランド」ぐらいしか思い浮かばないが、二つ思い浮かぶ時点で「勝ち県」である。送られてきた食べ物はそのうちの一つだ。残念ながらミッキーの肉とかではない。落花生、つまりピーナッツである。
実は私はあまりピーナッツが好きではない。嫌いではないし、普通に食べられる。しかし食べても特に感想がないのだ。柿の種も、柿の種だけで良いのに、と思ってしまう。「柿の種のピーナッツの意味が分かった瞬間人は大人になる」と言われて久しいが、その観点だと私はまだ四歳ぐらいだ。
よって今回「ぴーなっつ最中」が送られてきた時も「ピーナッツか」と、「スイーッ食うか?」と聞かれて頷いたら「かりんとう」が出て来たかのようなテンションになってしまった。

だがこの「ぴーなっつ最中」、私の知っているピーナッツとは違う。

何故ならピーナッツの原型が全くないからだ。確かに、最中はピーナッツの形をしている。しかしナッツらしき姿は見えない。まさかのメロンパン方式かと思ったが、この最中に入っているあんこそが「ピーナッツあん」なのである。

このピーナッツあんが「中年特有のすきっ歯に挟まる」等の、私がピーナッツに感じていた芳しくない部分を全部消しているのだ。

嫌いな奴に嫌いな食い物を無理に食わせる必要は全くないと思っているが、あえてこの言い方をする。「ピーナッツが嫌いな人でもおいしく食べられる一品である」と。

逆に「ピーナッツの霊圧が消えている」とも言えるが、このあんがピーナッツを使っているのにくどくなく、香ばしさがあり、普通のあんより格段においしいのである。

ピーナッツ感がない、というより「ピーナッツを越えてきている」という感じがする。

世の中にはトマトは嫌いだがケチャップは好き、という人がいる。つまりこのピーナッツあんはケチャップ級の発明ということだ。

柿の種は柿の種だけを食い、ピーナッツは他の家族とかに託してきたが、この「ぴーなっつ最中」に関しては他人に任すことなく、八個入り中すでに七個自分が食っている。そして間違いなく最後の一個も自分が食うだろう。大して好きでもなかったものが「好物レベル」まで昇格してしまった。

しかも、ピーナッツの原型が消えてしまっている、と思っていたのが実はそうではなかった。アクセントとしてあんに細かいピーナッツの甘煮が混ぜてあるのだ。

この「ピーナッツの甘煮」、正直最初食べた時は「栗」かと思った。アクセントと言わず、そのまま食べてみたい。なんだったら柿の種のピーナッツを全部甘煮にしてくれても私は構わない。

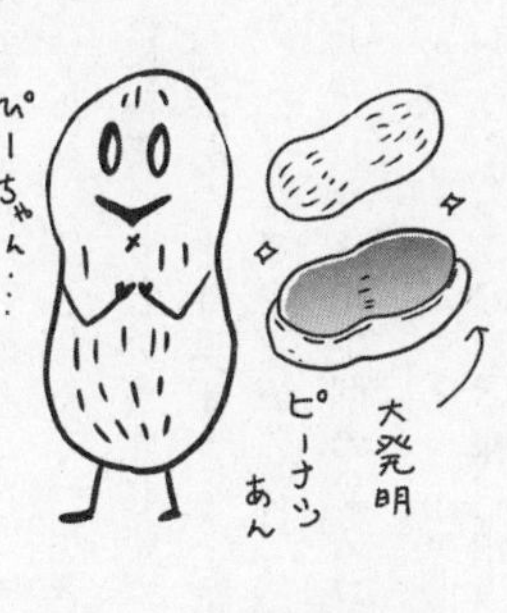

「米屋(よねや)」自体は創業百二十年の老舗だが、「ぴーなっつ最中」はまだ誕生して二十年だという。しかし「ぴーなっつ最中」は米屋の中でも人気の高い商品のようで、二十周年を迎えた際には盛大に祝っている。

どのぐらい祝っているかというと「ぴーもなムービー」と称して、動画を三本も製作している。

この動画は公式サイトで見られるが良い動画だ。特に少女（推定）が歌う「ぴーなっつ最中のテーマ（仮）」が流れる中、マスコットキャラである「ぴーちゃん」が老若男女入り乱れてふれあう「愛らし」編は、世界平和ここに極まれりという感じで、暗いニュースが多い今こそ見てほしい仕上がりだ。

だがあんまり見すぎるとこの「ぴーなっつ最中のテーマ（仮）」が全く頭から離れなくなるので注意が必要だ。言い忘れたが、この「ぴーなっつ最中」には「ぴーちゃん」という落花生型のマスコットキャラがおり、動画には等身大の着ぐるみが登場している。

どうやらこの米屋㈱、相当太い会社と見受ける。本店には米屋の歴史を紹介する企業資料館もあるようだ。千葉の豪族菓子店に違いない。

この「ぴーちゃん」は「ぴーなっつ最中」の個包装ひとつひとつにプリントされている。私は全く気付かなかったのだが、担当が「ぴーちゃん」に対し「目が虚無」とコメントしたため、そうとしか見えなくなってしまった。

確かに目が白抜きなので「何も映し出してない瞳」と言えなくもなく、そうやって見ると「ぴーちゃん」と成田の町を散策する動画「成田旅情」編は片道切符なのでは、と思えてくる。何より、「ぴーなっつ最中」の箱のなかにぴーちゃんが整然と並んでいるのが怖くなる。

しかし群雄割拠のゆるキャラ界、カワイイだけでは埋もれるだけだ。私はつぶらな瞳にするより「虚無」で正解だったと思う。これはこれでカワイイのだ。ぜひ千葉に訪れた際はぴーなっつ最中を買って、ぴーちゃんがどう見えるか、自分の目で確かめてほしい。

お香典に馬肉はいかがだろうか

【馬刺し】

熊本県

みんなは動物の死骸は何が好きだろうか。

我が家は金銭的事情と、かさ増しがしやすいという理由でもっぱら豚の死骸を食べているが、他に食卓に上がる死骸と言えば牛か鶏あたりだろう。

だが送られてきたのは別の死骸である。

「馬」、これが今回のテーマ食材だ。

死骸リーグの一軍が、牛、豚、鶏だとしたら、馬肉は二軍だろうが、あくまでそれは登板回数が少ないというだけで、肉としての実力は一軍以上だという。

今回送られてきたのは、熊本県の「菅乃屋（すがのや）」の馬刺しである。

馬肉と言えば熊本県だが、何故熊本で馬肉が栄えたかというと、どうやら熊本城を築いた加藤清正が出兵の際に食料に困り、軍馬を仕方なく食ったら美味かった、というところからきているようだ。

このように、食うに困って食ってみたら意外と美味かった、という食べ物は数多い。しかし同じぐらい、食うに困って食ったら死んだ、というケースもあるだろう。身をもって我々の食生活を築いてくれた先人には感謝である。

「世界一美味いゴマ油の食い方」でおなじみだった「レバ刺し」が食べられなくなって久しいとおり、今日本で「生肉」を食べるのは非常にハードルが高い。飲食店で生肉料理を出そうと思ったらかなり細かい条件をクリアしなければならない。そんな生肉の中でも比較的安全性が高いのが「馬肉」である。馬は牛や豚に比べ体温が高いため雑菌が繁殖しづらいらしい。

無理して肉を生で食べなくても焼いて食べれば良いではないか、火ぐらいあるだろう、ガスが止まっているというならそもそも肉食っている場合じゃねえ、と思うかもしれない。しかし今生肉は「映(ば)える料理」としても需要があるそうだ。

知らなかったが、インスタ界では生肉料理が盛り上がりを見せており、生肉関連のハッシュタグ投稿は六〇万件を超えている。

「生肉関連のハッシュタグ」という言葉がまず強いが、死しても映えるお動物様たちはさすがである。これが人間だったら、一瞬で垢BANだ。

そんな「映え」の観点からしても、安全に生肉を食べられる「馬肉」は注目を集めている。

しかし、比較的安全と言っても生肉は生肉である。下手な物を食べては命に関わる。この菅乃屋は熊本の馬肉店の中でも老舗で、肉の品質はもちろん、安全性にはかなりこだわっているという。
今回送られてきた馬刺しは、刺身状ではなく、柵の状態であり、自分で切って食べる方式だ。
若干面倒だが、逆に自分の好きな厚さにすることができる。山賊のように塊のまま食ったりと「俺の考えた最強の馬刺し」を楽しめる仕様だ。それを専用のタレにつけて食べる。
正直食べなれない肉なので、独特のクセがあるのではと想像していたのだが、正直どの肉よりもクセも臭みもない。

しかし、いくら良い馬肉と言えど、それ自体に強い味があるわけではないので、専用のタレにつけて食べる。このタレは特製で、甘口のタレが馬肉自身の旨味や甘みを見事に引き出しており、菅乃屋はこれを「魔法のタレ」と称している。

そこまで言うと、うなぎのように「実は美味いのは本体じゃなくてタレ説」が出て来てしまいそうだ。

しかし当の菅乃屋が「たまごごはんにも使えます」と言っているので、本当にタレだけで楽しむのもアリなようだ。

ちなみに馬肉は美味いだけでなく、健康、美容的にも注目されている食品だ。高たんぱく低カロリーな肉と言えば、鶏のささみなどだが、馬肉も負けず劣らずであり、さらにミネラルやアミノ酸なども、牛や豚よりも多く含んでいるという。

もはや、サラダチキンより、サラダ馬肉を作った方が良いのでは、というレベルだ。もう少し安価で手に入れやすくなれば、動物の死骸界の覇権を取れるのではないか。

菅乃屋の馬刺しは、さすが高品質だけあって、安価とは言えないがおいしいので取り寄せて食べる価値はある。

そして菅乃屋は「贈答品」としても馬刺しを猛プッシュしている。出産や結婚の内祝いはもちろんのこと、誕生日プレゼントや、果ては香典返しにまで「馬刺しをどうぞ」と言っているのだ。

馬刺しの誕生日プレゼントは私は嬉しいが、子どもがプレゼントの箱を開けて馬刺しが入っていたら若干泣くかもしれない。彼女へのプレゼントだとしても相手を選ぶだろう。

また、香典返しに馬刺し、というのは初耳である。

もしかしたら馬肉大国である熊本では、何かあれば馬肉を送り合うというのが普通なのだろうか。そう思って調べてみたが、香典に馬刺しという文化は特にないようだ。

しかし、葬式が増える年齢になると、家が香典返しのタオルやお茶で埋め尽くされて、それで圧死しかねないということが良く起きる。それに比べれば、早く消費する気にもなり、健康にも良い馬刺しの方が香典返しとして嬉しいと言えば嬉しい。

冠婚葬祭の贈り物というのは「ダブり」が多い世界である。絶対他とかぶりそうにないという意味では「香典返しに馬刺し」はありかもしれない。

その饅頭のなかには「虚無」が入っていたそうだ

【軽羹】

鹿児島県

今回のテーマは「軽羹（かるかん）」である。

軽羹は食べたことがあるので「なるほど、軽羹か」と思い、とりあえず食べてみたのだが、二口目当たりで、違和感に気付いた。

「軽羹ってあんこが入っていなかったか？」と。

その軽羹はあんこが入っていない代わりに「虚無」が入っていた。つまり饅頭で言えば皮だけである。

しかし、この認識は誤りであった。このあんこが入っていないのこそが「軽羹」であり、私が想像したあんこが入っているのは「軽羹饅頭」という軽羹の進化型である。

つまり、外側の方が軽羹の本体であり、あんこの方が皮みたいなものである。

つまりあんこの入っていない軽羹は、むしろあんこだけ食っているようなものなのだ。

混乱を極めてきたので、あんこのことはひとまず置いておく。

「軽羹」とは、かるかん粉（もち米）と山芋、砂糖を原料とした鹿児島の蒸し菓子のことである。名前の由来には諸説あるようだが「軽い羹（もち菓子）」という「そのまんま説」が有力のようだ。

実際、生地に気泡が多く入っているので、餅の重さはない。甘みも控えめで独特の風味もないので「軽い」という言葉がぴったりである。山芋特有の少しねっとりとした食感を持つ和風スポンジケーキという感じだ。

軽羹は二十世紀後半まで、安政元年（一八五四年）に明石出身の菓子職人八島六兵衛が作った、というのが定説であった。しかしその後、貞享三年から正徳五年ごろ（一六八六年〜一七一五年）にはすでに存在していたらしいということが明らかになる。時にして百年以上、徳川将軍でいうと七代分の誤差である。

軽羹が歴史の教科書に載るようなものだったら大変なことになっていた。

何故百年も軽羹がなかったことにされていたかは不明だが、おそらく「作ってはみたがイマイチ定着しなかった」のではないか。今でもそういう物は腐るほどある。透明なコーラとか。

その百年なかったことになっていた軽羹を八島六兵衛が改良し、今の軽羹を作ったのではないか、と言われているが、その「元祖軽羹」がどのような菓子だったかは不明だという。

土器や骨なら当時のまま残ったりするが「菓子が原型で残る」ということはあり得ない。記録がなければ、知るすべはないのだ。

恐竜だって、骨から形はわかるが「色」だけはわかりようがない。ペイズリー柄だった可能性もある。

よって、最初の軽羹はもしかしたら、我々の知る軽羹とは全く別物だったかもしれない。タピオカですら、日本に来た時は黒くもなかったし、粒も小さかったのだ。逆に最初の軽羹はあんこが入っていたかもしれない。

今回送られてきたのは、八島六兵衛の出身地を店名に創業した、現在の軽羹の元祖「明石屋（あかしや）」の軽羹である。同店では軽羹はもちろん、私が軽羹と勘違いした「軽羹饅頭」を主力として販売している。

同じ勘違いをしているのは私だけではなく、最近は「軽羹饅頭」の方が一般的になりつつあるらしい。よって逆に軽羹の方が「皮だけ」というイメージになってしまったのだ。

確かに軽羹はその名の通り軽いのが魅力であるが、それ故に「物足りぬ」と感じる人がいてもおかしくはない。漫画『ゴールデンカムイ』で、主人公の杉元が桜鍋に「これに味噌入れたら美味くなるんじゃね」と思いついたように「ここにあんこいれたら最高じゃないか」となるのは、ある意味自然の流れであろう。ちなみに『ゴールデンカムイ』では味噌は「オソマ」と呼ばれている。意味は各自調べて欲しい。あんこも見ようによってはそう見えるし、語感も似ているので、実に共通点の多い話だ。

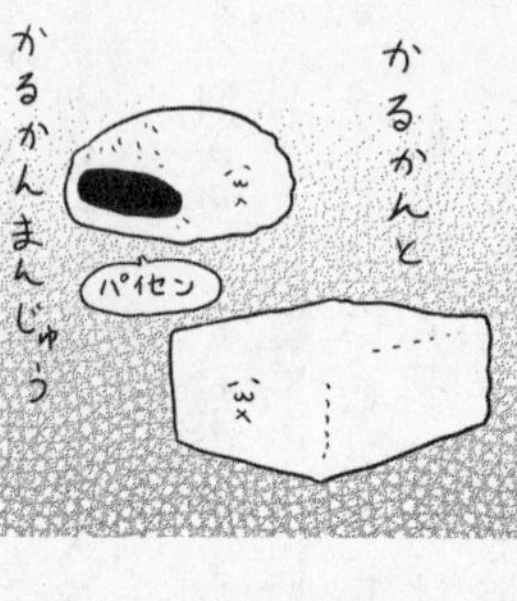

しかし、軽羹饅頭の方が一般的になっても「軽羹」が消えるということはないだろう。むしろ、本物の軽羹好きからすると軽羹饅頭は邪道なのかもしれない。あんこを入れてしまったら、軽羹の「軽」が損なわれ、もはや「重羹（おもかん）」だと感じる人もいるだろう。「軽羹ちょうどいい」と思う人も多くいるはずである。

軽羹饅頭の方が華はあるが、それ故に5秒ぐらいで食べてしまったり、食べ過ぎる恐れがある。軽羹のほうは、分け入っても分け入っても軽羹ということがわかっているので、ゆっくり落ち着いて食べることができるのだ。

私も饅頭だったら二・五口ぐらいで終了させると思うが、軽羹においては「ちぎって少しずつ食べる」という高度なことをすることができた。

それに、どんな食べ物でも「皮の方が好き」という一派は存在するし「すあま」のように「実体不明」と言われながらも消滅しない菓子もある。むしろ、すあまより派手でも消えた菓子はいくらでもあるだろう。食べ物というのは強ければ良いというものではない。米だって、「ドンパッチ」のように口の中ではじけていたら、主食にはならなかったはずだ。

ちなみに軽羹は固くなった場合は蒸しなおしたり、焙(あぶ)って食べるとおいしさが復活するそうだ。焙りがイケるなら、揚げ、もいけるのではないか。トッピングも自由度が高い。

せっかく軽く作ってくれたのに、つい重くすることを考えてしまう。

あの山にチョコレートをかけたら さぞ美味かろう

【ブラックモンブラン】

佐賀県

本書は、発達した通販文化を駆使して部屋から出ずに全国津々浦々の食い物を手に入れ、部屋から出ずに食おうというコンセプトである。

しかし今回は近所のスーパーで売っているものが、遠路はるばるクール宅急便でやってきた。その名も「ブラックモンブラン」である。

九州の人には言わずと知れたソウルフードなのだが、実は九州だけではなく私の地元山口県でも売られている。福岡と広島に挟まれ、人々の記憶からバニシングされている山口県だが、九州圏のモノが割と売られているという恩恵もある。広島まで行くと「広島文化」という強い奴がいるので、九州がそこまで入り込めない。個性が薄すぎるところが功を奏した。

よって「ブラックモンブラン」は幼少期より親しみのある食べ物だ。

完全に全員「ブラックモンブラン」を知っている体で話してしまっているが、ブラックモンブランが全国区だと思っている九州人、山口県民は割と多い。九州山口勢が一、二位を争う「全国区じゃないと知ってショックを受ける食べ物」なのである。ちなみに争っている相手は袋ラーメンの「うまかっちゃん」だ。

ショックを受けるというのは、自分が慣れ親しんだものがローカルフードであったという、都会への敗北感ではない。どう考えても全国で勝負できるレベルの食べ物なのに、なぜ置かないのだという「悔しさ」によるショックなのだ。

それより早く「ブラックモンブラン」が何なのか言え、と思われているかもしれないが、こちらに言わせれば、知らない方が悪い。だが知らないのもかわいそうなので教えてやるが「ブラックモンブラン」は棒アイスクリームである。

ミルクアイスクリームをチョコレートでコーティングし、さらに上からクッキークランチを大量にふりかけている。チョコレート菓子のブラックサンダーに通じるような、味と甘さ、食感を兼ね備えており、シンプルかつ最高である。子どもの時は完全にごちそうだった。アイスなのに「ザクザク食う」という感じが気持ちいい。

こんな「勝ち確」な上にリーズナブルな商品が全国で売られていないというのはユーザーとしては遺憾だが、ブラックモンブランの製造会社的にはそんなに全国を意識しているわけではないそうだ。

ブラックモンブランを製造しているのは佐賀県にある竹下製菓という会社である。創業百二十年になる老舗製菓会社だが、ブラックモンブランが誕生したのは五十年前のことだ。

前会長がアルプス山脈のモンブランを眺めた時「この真っ白い山にチョコレートをかけて食べたらさぞ美味かろう」と思ったのが誕生のきっかけだという。

完全にデブ小学生の発想だが、前会長は別に食いしん坊キャラというわけではなく、常に新商品開発のことを考えているような人だったらしい。

つまり何を見ても「何かけて食ったら美味いか」を考えてしまう性質だったのだろう。昨今ならノイローゼと言われてしまうかもしれないが、いついかなる時も着想を得ようとする姿勢は大事である。

こうして、九州人にとっては「むしろ山のモンブランの方が『ブラックモンブラン』をパクっている」というレベルでブラックモンブランは親しまれるアイスとなっている。

ブラックモンブランはスタンダードなものに加え、抹茶やチョコミント、ビターなどのバリエーションがある。また、クッキークランチがたっぷりまぶしてある故、食うと周囲が「ルマンド」級の惨事になる唯一の欠点があるのだが、その欠点をカバーした「カップ型」もあるようだ。

ただ個人的には、棒状の方が登山しているという感じでブラックモンブラン的だと思う。

さらに「スペシャルブラックモンブラン」なる商品もある。どこが「スペシャル」かというと「普通のやつよりでかい」そうだ。普通スペシャルというと、チョコやアイスを高級志向にしがちだが、そこを「ただでかくした」というところが最高である。

しかもブラックモンブランは昔から「当たりくじつき」である。棒に点数が書いてあり、それを一〇〇点分集めるとブラックモンブラン一本と交換できる。実はブラックモンブランのくじは昔から当たりやすいようになっているという。

子どもの頃は、アイスは個人商店で買っていたので、当たりが出たら交換しやすかったが、中年になった今、当たったとしても棒だけ持ってマックスバリュとかに行くのはかなりハードルが高い。アイスは交換できても、もうそのマックスバリュには行けない恐れがある。

しかしブラックモンブランのくじには、我々旧子どもの現中年にも優しいシステムがある。「特賞」が出た場合、その棒を郵送すると、図書カードやＱＵＯカードがもらえるのだ。これなら、棒を握りしめてマックスバリュに行く必要はない。

中年になっても美味い、そして当たりくじも楽しめる。やはりブラックモンブランは老若男女問わないソウルフードである。

クランベリーが悪い意味で良い仕事をしている

【かいこの王国】

群馬県

私は猫のことを畏敬の念を込めて「おキャット様」と呼ぶが、もっと昔から全く同じ形式の呼ばれ方をしている生物がいる。

それは「おカイコ様」だ。

カイコとは、カイコガという昆虫の一種だ。カイコが蛹（さなぎ）になるときに作る「繭（まゆ）」は、絹の原料として昔から珍重されてきた。では、ついに虫を食うのか、というとそうではない。だがほとんど虫と言ってよい代物である。

「かいこの王国」

それが今回送られてきたものである。世界文化遺産にも指定された「富岡製糸場（とみおかせいしじょう）」がある群馬の銘菓だ。

実はこの菓子は前にももらったことがある。サイン会をしたとき、お土産として持ってきてくれた人がいたのだ。ちなみに、私のサイン会だ。列整理やはがし担当ではない。

わざわざ群馬から東京に来てくれたのか、と思ったが、よく考えたら山口県から来ている自分の方がはるかに遠かった。むしろ毎回私より遠くからきている奴はそうそういない。本人が一番「よくそんなとこから来るな」という感じだ。

もらったお土産の中でもこの「かいこの王国」のことは非常に良く覚えている。正直今回送られてきた時、「また奴がきた」と思った。

しかし「かいこの王国」は「かいこ」と銘打ってはいるが「かいこ0%配合」である。つまりメロンパン方式なのだが、悪いがメロンパンとかいこの王国では「気合い」が違う。メロンパンが良く見たら全然メロンじゃないのに対し、かいこの王国は「かいこ」の看板を背負っていることに責任感を持っている。

逆にカイコが1%でも入っていたら「もうこれだけでかいこの王国って言えるじゃん」という油断が生じてもっと中途半端なものが出来上がっていたかもしれない。

前置きが長くなってしまったが、まず「かいこの王国」が何かと言うと「チョコレート」である。原材料は、ホワイトチョコレートに米パフ、ドライクランベリー、唯一おカイコ様のお食事である「桑の葉」が入っているのが珍しいと言えるが、どれも菓子の材料として逸脱はしていない。

　では何が「かいこの王国」かと言うと、見た目が完全に「桑の葉に乗ったおカイコ様の幼虫」なのである。そのリアルさは「キングダム」の名に恥じないものであり、虫嫌いの人にあげたら、その後連絡を絶たれると思う。

「かいこの王国」は「丸（まる）エイ食品」という菓子メーカーが、富岡製糸場の世界遺産登録を祈願するために、カイコをモチーフにして作った製品である。

　だが「菓子と虫」というのは、韻は踏めているが、どう考えても相性が悪い。よって当初は、カイコをかわいくデフォルメした製品案も出たという。しかし「それではインパクトが弱い」ということで、今のリアル志向に向かったようだ。

　つまり、キモかわいいから、かわいいを抜いたような菓子なのだが、この「かいこの王国」は、富岡製糸場が世界文化遺産になったことも合わさって大ヒットし、今でも土産物屋ではセンター扱いだという。

何もここまでリアルに作らなくとも、と思ったが、逆にここまでリアルにしなければ、ヒットしなかったような気もする。

どんなに頑張っても、虫は虫である。

それが可愛い生き物の真似事をしたところで、おキャット様とかに勝てるわけがないのだ。そんなの熟女が若さでＪＫと競おうとしているようなものである。熟女は熟女らしさを伸ばした方が良いように、おカイコ様は虫であることを前面に押しだした方がよいのだ。

そんなわけで「見た目が完全に虫」になった「かいこの王国」だが、味は普通というか、普通以上のチョコレートである。特に桑の葉入り部分がおいしい。違う見た目だったらもっとおいしく感じただろうが、これはもはや「おいしく食べていただく」ような食い物ではない。

実際、見た人の感想は軒並み「気持ち悪い」だが、それでも買っていくという。おそらく受け取った人間のリアクションが見たいからだろう。「お土産物」としては非常に正しい役割を果たしている。やはりインパクトを重視したのが勝因だったのだ。

しかし、この「かいこの王国」、最初はチョコレートではなく「グミ」で開発されていたという。だがそれは、触感含めて「あまりにリアルすぎる」という理由で断念したようだ。「これでも手加減してやっている」という衝撃の事実である。
ついでに「カイコの触感はグミに近い」という、いらない情報まで得ることが出来た。

ちなみに、かいこの王国は「かいこの一生」として、成虫型をしているものと、繭型をしているものも売られている。成虫も完全に虫だが、繭になると一転、虫感はゼロになる。「どうしても無理、冗談の通じない奴ですまない」人間のための優しい配慮である。

個人的には土産物としても良いが、ダイエット中のお菓子としても良い気がする。どうしても甘いものが食べたくなった時でも、このおカイコ様チョコレートを見れば冷静になれるだろうし、絶対にガツガツ食ったりはできない。
いろんな意味で「ひとつでおなかいっぱい」な、非常にコスパの良い菓子である。

ひょうきんここに極まった饅頭

【どじょう掬いまんじゅう】

島根県

今回は「島根」の菓子である。

まず島根って何県にあるの、と思った人も多いだろうが、なんと島根は島根県にある。

別に島根をディスっているわけではない。同じく存在を忘れられがちな隣県山口県の民として、むしろ親しみを込めている。

「地元の名物を挙げよ」と言われたら、山口県民は大体二手ぐらいで詰まるのだが、島根県民も良い勝負をしてくるのではないかと勝手に思っている。

だが山口県はその内の一手が「日本一の総理大臣輩出県」という、それ目当てで来る奴はまずいないだろうという悪手なのである。

それに対し、島根はまずみんな大好きパワースポットの「出雲大社（いずもたいしゃ）」がある。実に厳しい戦いだ。さらに島根県には、出雲大社以外にも全国的に有名なものがある。それをモチーフにしたものが今回のテーマ菓子だ。

その名も「どじょう掬いまんじゅう」である。

全国的に有名と言ったが山口県民の感覚なので、どじょう掬い、つまり「安来節」が本当に全国区なのかは不安が残るところがある。

安来節を知らない田舎者どものために一応説明するが、安来節とは島根の民謡のことであり、それに合わせて踊る踊りが「どじょう掬い」だ。

どじょう掬いというのはその名の通り、豆しぼりを装着し、ザルでどじょうを掬う真似をするという、ひょうきんここに極まった踊りのことだ。織田信長における「敦盛」のように、島根では「毎年忘年会で社長のどじょう掬いを見せられている」という人もいるのかもしれない。

そんな日本を誇るダンスミュージックから着想を得てつくられた「どじょう掬いまんじゅう」がどのようなものかと言うと、どじょう掬いを踊る「ひょっとこ顔」の形をした饅頭だ。

食べやすさを考慮してか、ひょっとこ顔はリアル志向ではなくシンプルなデザインであり、「かわいい」と言っても良い。味も見た目以上にシンプルで質実剛健な薄皮まんじゅうである。白あんがスタンダードのようだが、最近はイチゴやチョコ、名産の梨を使った味も展開しているようだ。

梨は鳥取じゃないか、と思うかもしれないが、平素島根と鳥取を混同しているくせに、梨のことだけ「それは鳥取だろ」と言いだすのはおかしい。

白あんとチョコあんを食べたが、白あんはしっかりとした甘さがあり、チョコあんも洋菓子っぽい味でおいしかった。「どじょう掬いまんじゅう」という、女子どもは帰れと言わんばかりの名前とパッケージだが、味は決して、年寄り向けというわけではない。

どじょう掬いまんじゅうは一九六七年に中浦食品（なかうらしょくひん）という、起源が江戸時代の老舗食品会社が開発したものだ。同社のホームページによると、このどじょう掬いまんじゅうは「大ヒット商品」だそうだ。確かに、島根の名物を検索すると、この饅頭がかなり上位に出てくる。

すでに誕生から五十年以上、早くから島根名物としての地位を確立していたようだが、このどじょう掬いまんじゅう、登場から三十年以上経って、イチゴや梨の新味が登場している。その経緯は不明だが、どうやら今のどじょう掬いまんじゅうは、「時代に合わせて変化していく方針」のようだ。

何故なら、どじょう掬いまんじゅうは、味のバリエーションだけでなく、今欠かせない「映え」を意識した商品も発売しているのだ。

その名も「デカどじょう掬いまんじゅう」だ。

説明はいらないと思うが、あえて言うなら「でかいどじょう掬いまんじゅう」である。どのぐらいでかいかというと、普通のどじょう掬いまんじゅうの十個分だそうだ。
「映える」と豪語している通り、かなりのド迫力であり、これを一個食えば一日何も食わなくても平気な気がする。菓子というより「非常食」というような貫禄だ。そしてかわいかったひょっとこ顔も、でかくなると光のない目が強調され、目を合わせづらくなる。

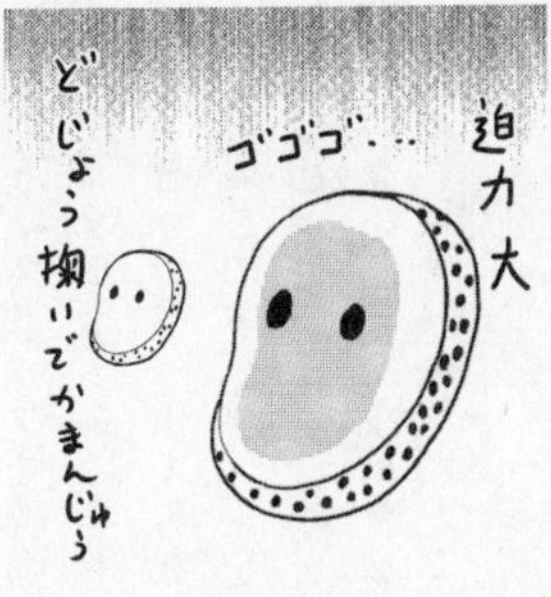

さらに時代に合わせて変化しているのは商品だけではない。このどじょう掬い饅頭には、マスコットキャラも存在するのだ。

そのマスコットの名は「ドジョマン」。

顔はどじょう掬いまんじゅうだが、体はスーツ姿の男性という「ストップザ映画泥棒」にピンとくるような異形頭(いぎょうとう)好きにはたまらないデザインだ。フルネームは「ドジョマン・ナカウラノフ」現在四十九歳、某プロスポーツ監督、とプロフィールもなかなか作りこまれている。

さらにこのドジョマンを使ったCMも多く作られており、HPやYouTubeで見ることが可能だ。このドジョマンが安来節を踊るCMかというと、伊達にスーツは着ていない。そんなベタなことはせず、なんと「記者会見ネタ」で攻めてきている。どじょう掬いをモチーフにしながら、どじょう掬いで笑いはとりにいかない、という斬新なスタイルだ。

とにかく、新しいことにトライするという気概が伝わってくる。これからもどじょう掬いまんじゅうがどのように進化していくか目が離せない。個人的には超合金を希望だ。

明治の御用菓子司、急に滝廉太郎コラボをはじめる

【荒城の月】

大分県

今回のテーマは「荒城の月」だ。

今一〇〇人中一二〇人が小中学の時音楽で習った「荒城の月」の方を思い浮かべただろうし、オシャレのつもりで丸メガネをかけたら「廉太郎」と呼ばれるようになった、でおなじみの滝廉太郎先生の顔を思い出したと思う。

しかし廉太郎は今で言う星野源とかが好きな女子にモテるタイプなのではないだろうか。

それはどうでも良い。今回のテーマは歌ではなく「荒城の月」という名の和菓子である。

この「荒城の月」は非常にシンプルな白い饅頭状の菓子だ。白あんに卵黄を混ぜた

「黄身あん」を、泡立てた卵白に寒天を混ぜて作った「淡雪(あわゆき)」で包んだものである。

卵白が卵黄を包んでいる「玉子」と全く同じ構成だ。

つまり「玉子を卵黄と卵白に分け、手間暇かけて玉子に戻しました」というような菓子である。そう書くと「書類をスキャンしてPDFにした後、出力しろ」というような無意味にも聞こえるかもしれない。

しかし「荒城の月」がやっているのは、そういった日本の会社でマジで行われている無駄行為ではない。「そうすることで美味くなる」という意味があるのだ。

まず外側は「淡雪」と言われる通り、口の中で溶けるような滑らかさだ。中のあんは白あんであっさりしているが、黄身のおかげでコクがある。さすが、玉子と同じ構成だけあって外と中の相性が抜群だ。

これが不味かったら、玉子の存在意義が危うい。

非常に上品なお菓子である。

如何にも上品な菓子を食い慣れていない、語彙が消滅した感想だが、本当にそうなのだ。ブルボンでごまかせないようなしゃらくさい客でも、これを出しておけば納得するだろう。

見た目も味も上品で格調高い感じがする「荒城の月」だが、実際それを作っているのも、二百年続く歴史ある老舗菓子店なのだ。

「荒城の月」を作っているのは、大分にある「但馬屋老舗」という和菓子店である。

初代但馬屋幸助が岡藩十代中川久貴公に召され、一八〇四年御用菓子司として創業したのがはじまりだそうだ。つまり偉い人が食う菓子を作っていた店ということである。不手際があったら無礼打ちもなくはない時代である。それは美味いに決まっているだろう。

この「荒城の月」も江戸時代に誕生して以来変わらぬ味で作られているそうだ。

しかし、ここで疑問が生じる。江戸時代から作られている菓子に何故「荒城の月」という明治に作られた歌曲の名前が付けられているのだろう。もしかしたら菓子の方が先で、曲の方が菓子の荒城の月から着想を得て作られたのだろうか。だが、菓子の歌にしては、曲に寂寥感がありすぎる。もう少しポップ調にした方が良いのではないか。

当然だが、歌曲の「荒城の月」の方が先である。菓子自体は江戸時代から存在したが、その時は「夜越の月」という名前だった。

しかし明治になり「荒城の月」が発表された。荒城の月は廉太郎が岡藩の岡城から着想を得て作ったと言われている。「荒城の月」はただ名曲というわけではなく、日本で初めて作られた西洋音楽の歌曲という歴史的にも意味が大きい曲だ。だから我々も子々孫々と、音楽の時間にピアニカやリコーダーで吹かされているのだ。

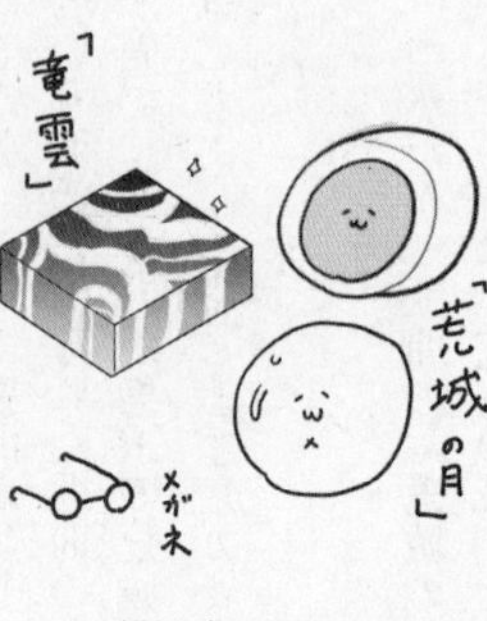

そして「夜越の月」も、それにあやかったろうぜと、あっさりかどうかはわからないが「荒城の月」へと改名された。すでに百年近くの歴史があったであろう菓子の名前を「こっちの方がええで」と変えてしまうあたり、老舗和菓子店と言えど商人らしくて好感が持てる。しかし、それでは「夜越の月」があんまりだ、ということなのか、黄身あんを栗あんに変えたものが「夜越の月」として今も売られているので一安心だ。

但馬屋は他にも和菓子を多数販売しているのだが、おいしそうであると同時に見た目が美しい。派手ではなく、どっちかと言うと地味なのだが、どれもキレイなのだ。特に蒸し羊羹の「竜雲（りゅううん）」などは、玄関に敷き詰めたいぐらいだ。何を言っているかわからないと思うが、実際見ていただけると、どこかに敷き詰めたくなると思う。

ちなみに、曲の方の「荒城の月」だが、歌詞の意味を調べてみると、完全に諸行無常の歌でずっと「あの頃の栄華はどこに」「全ては終わり移り変わる」というようなことを言い続けている。名前をもらった「荒城の月」はこんな調子だが、菓子の方はこれからも末永く続いて欲しい。

うどん県の愛され看板娘、るみばあちゃん

【讃岐うどん】

香川県

今回取り上げるのは香川県、そして「うどん」である。

ベタ中のベタだが、香川県をフィーチャーしておいて「うどんはずし」は不自然すぎる。逆に何らかの圧力が働いたと疑われてしまうだろう。

香川の数ある讃岐（さぬき）うどん名店から、今回送られてきたのは「池上製麺所　るみばあちゃんの生うどん」である。

世の中には、生産者や店主の主張が強い商品や店というものがある。「私が作りました」という顔写真シールや、店の看板に店主の似顔絵が描いてあるアレだ。そうすることにより親しみが出るのだろうが、この手法は諸刃（もろは）の剣（つるぎ）でもある。

生産者のほくろの位置がムカつくというだけで、商品の☆が1個減ってしまったり、

看板の似顔絵は満面の笑みなのに、実際の店主は愛嬌の欠片もなかったりするため、ただの不愛想よりさらに印象が悪くなってしまう。

そんな「中の人顔出し商法」において、この「るみばあちゃん」は五億点である。とにかく顔が良い。この顔を見ただけで、世のおばあちゃん子は、万が一このうどんが不味くても☆5をつけると思う。

販売元もそれを良く分かっているようで、箱、あいさつ文、調理説明書、計三か所に決めポーズをしているるみばあちゃんの写真が掲載してある。もはや、うどんがるみばあちゃんのグッズのように見えてしまう。

とにかく、おばあちゃんがキャッチーすぎるのでうどんよりまず「るみばあちゃん」でググってしまった。すると「るみばあちゃん　死去」という予測検索が出て来てしまい、いきなりヒュンとなる。この時点で、ババアの生死が気になって、うどんどころではなくなってしまった。マスコットキャラの存在感が強すぎるというのも考え物である。

しばらく調べたのだが、「るみばあちゃん年齢は？　いまも元気？」というよくあるクソまとめサイトが出て来た時点で調べるのをやめた。今も元気ということにしておこう。

この「るみばあちゃんの生うどん」は香川県高松市にある人気店「池上製麺所」のうどんで、るみばあちゃんはそこの看板娘だそうだ。

「讃岐うどん」についてはいろいろ定義があるようだが、ここでは書かない。間違ったことを書くと人生で一番怒られそうな気がする。

特徴としては「麺のコシが強い」。讃岐うどんについて間違ったことを書いた奴を締め殺せる程度には強い。

送られてきた生うどんのゆで時間は12分程度。平素冷凍うどんばかり食っている身からすると、ゆで時間が随分長く感じる。溶けてなくならないか心配なレベルだ。

しかしそれは全くの杞憂であった。るみばあちゃんのうどんは素人が茹でてもしっかりとしたコシを保っている。

池上製麺所推奨の食べ方は「釜たま」だ。茹でたうどんに生卵を絡め、ダシしょうゆをかけて食べる、汁なしのうどんである。

「冷たい生醤油うどん」もお勧めのようだが、冬なのでまず釜たまでいただくことにした。

冷蔵庫から出した生卵で、あっという間にぬるくなってはいかんと思い、器も温めた。いつもはこんな手間はかけないのだが、せっかくばあちゃんが送ってくれた（イメージ）なので適当に食うのは悪い気がする。

このように「雑食い」を防ぐためにも、生産者の顔を貼って圧をかける、というのは有効である。

食べてみると、やはり麵のコシが強い。硬いわけではなく、弾力がすごいのだ。こんなに主役感のあるうどん麵は初めてである。

その強い麵を、生卵とダシしょうゆが引き立てている。もはやステーキにおける塩やタレのような扱いだ。麵の強さ美味さを味わうには最適な食べ方である。お勧めなだけある。

麵も美味いが、それにかける「うどん醤油」も美味い。通販サイトでは、このしょうゆのみも販売されている。もちろんるみばあちゃんの写真入りだ。さすがわかっている。

自宅で作っても十分おいしかったが、やはり茹で方とか、家庭で素人がやるのと、本場香川の店で食べるのとでは全く違うだろう。機会があれば、香川の本家でも食べてみたい。

池上製麺所は昼のみの営業、麺がなくなり次第終了とのことだ。当然人気店らしい。店のＨＰを見ると、気になる記述があった。店舗情報に、席数や駐車場台数、トイレなどに並んで「うどん排水処理装置」と書いてある。

他ではあまり見かけない店舗情報である。しかし、わざわざ書くということは、客にとってこのうどん排水処理装置があるか否かで、話が全く変わってきてしまうのだろうか。まだまだ、うどん県について、我々の知らないことは多い。

同店では、フェイスブックに加え、るみばあちゃんの過去の言葉が流れてくる「るみばあちゃんｂｏｔ」も展開されている。とにかく、愛される人物であることが窺える。

本人もだが、最初に彼女のアイドル性に気付いた名プロデューサーの慧眼(けいがん)にも恐れいった。

いつになったらきな粉をこぼさずに食べられるのだろうか

【桔梗信玄餅】

山梨県

今回のテーマは「桔梗信玄餅（ききょうしんげんもち）」である。

信玄餅についてはご存じの方も多いと思うが、求肥ともち米で作った餅にきな粉をまぶし、黒蜜をかけて食べる山梨の和菓子のことである。名前の由来は諸説あるが、その名の通り、武田信玄が絶賛したためとも言われている。

もし自分が武将で、「この冷や飯に三日前のシチューをぐちゃぐちゃに混ぜた奴うまいな」と言って「ならばこれは『カレー沢飯』と名付けましょう」と進言されたら、「やめろ」と首を刎（は）ねていると思う。このように、己のちょっとした言動で、物に自分の名前がつけられ、後世まで残ってしまうのが偉人の辛いところである。

だが、信玄餅は美味いので武田信玄も多分悪い気はしていないだろう。

今回取り上げる「桔梗信玄餅」は「信玄餅」と何が違うのかというと、商標の問題で「信玄餅」と名乗れるのは山梨県北杜(ほくと)市にある金精軒(きんせいけん)の製品のみだからだ。桔梗信玄餅を作っている「桔梗屋」も当初は「信玄餅」と名乗っていたようだが、裁判で敗れたため今の「桔梗信玄餅」になったそうだ。この連載をやってわかったことは「食い物は割と権利で揉める」ということである。

だが、それはもう終わったことであろう。桔梗信玄餅の話に戻る。

桔梗屋の特徴は、桔梗信玄餅を積極的に洋菓子と融合させているところにある。

今回は普通の桔梗信玄餅に加え、桔梗信玄餅生ロール、桔梗信玄生プリンが送られてきた。その他に桔梗信玄餅アイスなども売られているようだ。

スタンダードな信玄餅と和菓子を製造している金精軒との差異が感じられる。

まず基本の桔梗信玄餅だが、信玄餅と言えば「食いづらさ」でも有名である。容器いっぱいの「きな粉」が詰まった上に黒蜜をかけた時点で、もはや表面張力で持ちこたえているような状態になる。それをこぼさずに食うなんて皇族でも無理であろう。

多分皇族は皿に移して食うのでそんなことで悩んだことはないと思うが、我々庶民は少しでも洗い物を減らしたいのだ。

だが、信玄餅も桔梗信玄餅もこの容器を変えようとしない。

二十一世紀になっても、頑なに平皿でみそ汁を出すような真似をしてくる。我々は何か試されているのか。

そう思っていたが、数年前ネットで「正しい信玄餅の食べ方」が話題になったことで、この問題は一応の解決を見せた。

信玄餅は、容器を包んでいる風呂敷のような包みの上に、餅ときな粉を出し、黒蜜をかけ、包むように黒蜜をまぶした後、食べるのが正しいのだそうだ。包みは広く、黒蜜ときな粉がよくなじむため、多少の鼻息ではきな粉は飛び散らなくなる。

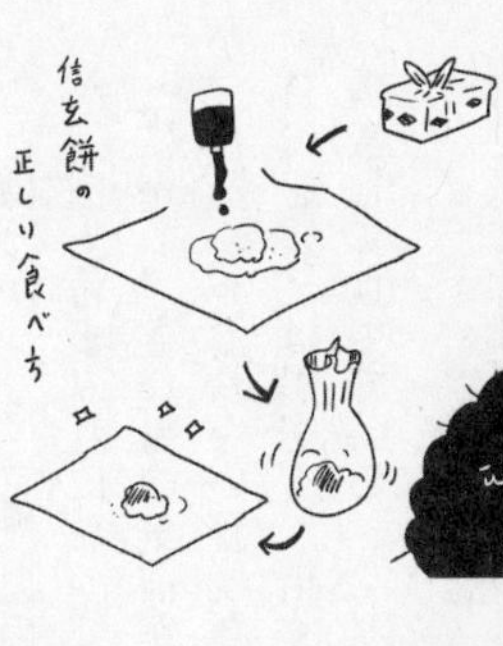

武田信玄、いかにも鼻息荒そうだし、むしろ「食いづれえ」と出した奴の首を刎ねたことからこの名前になったのでは、と思っていたが、謎が解けた。

だが、信玄餅や桔梗信玄餅は、この食べ方を知る前でも「きな粉飛び散るから、もらっても嬉しくない」ということはなかった。三歳児のいる家庭や、オフィスへの土産としては若干センスがないが、例え粉まみれになっても嬉しいのが信玄餅なのである。

とにかく、きな粉の気前がよく、餅と黒蜜との相性もばっちりだ。もしきな粉の量が、容器から溢れない程度だったら魅力は半減だと思う。

贅沢を言えば黒蜜も二倍ぐらいあった方が良いので、私は自宅にあるマイ黒蜜を追い黒蜜して食べている。

桔梗信玄餅は記憶と違わぬ間違いのないおいしさであったが、せっかくなので、生ロールと生プリンも食べてみよう。

まず生ロール、率直に言って信玄餅の原型がない。武田信玄も「こんなの食ってねえよ」と思うだろう。しかし、食べてみると確かに信玄餅なのだ。クリームにきな粉と黒蜜の味がしっかりとしている上に、餅もちゃんと入っている。

生プリンもきな粉風味のプリンに、カラメルの代わりに黒蜜をかける仕様で、完全に信玄餅である。ただ、プリンは餅要素がないため、信玄餅プリンではなく、信玄生プリンと名乗っている。この勢いで「信玄餅プリン」と名乗ってしまわないところが誠実である。

これは、三歳児のいる家庭やオフィスに持って行っても喜ばれる新しい形の信玄餅だ。

ちなみに今回はじめて「正しい信玄餅の食べ方」を試してみた。その結果、本格的に不器用な人間は、包みに餅を乗せる時点できな粉を飛散させるということが判明した。

信玄餅をベストな状態で食べるには、屋外で全裸で食べるなど、まだまだ食べ方に模索が必要である。それを考えると、ロールケーキやプリンという形はやはり画期的なのだ。

おーい、デラックスケーキだぞ！手を洗ってこい

【デラックスケーキ】

和歌山県

今回のテーマは和歌山のお菓子「デラックスケーキ」である。なかなか思い切った名前だ。不況で湿りきった頭ではとても出てこないネーミングセンスである。

何となくスネ夫の家にありそうで、のび太が食わせてもらえなさそうな響きだ。

デラックスケーキはケーキと言っても、ショートケーキやホールケーキではなく、四角い個包装のお菓子である。銀色の包装紙に赤や黄色の模様が描かれており、出来るだけ語彙を使わず言うなら「レトロかわいい」といった感じである。

さらに懐かしさのあるフォントで「デラックスケーキ」と、そして中央に「デラベール」と書かれていた。

デラベール？

突然はじめて聞く言葉が出てきた。しかし中央に書かれているぐらいだからある意味「デラックス」より大事なのだろう。そう思い、まず「デラベール」で調べてみたところ「デラベールの意味が未だにわからん」という記事が出てきた。長年わからない人がいるなら、一見の私にわかるはずがない。とりあえず「デラベール」のことは忘れよう。

デラックスケーキは、全面がホワイトチョコで覆われたカステラケーキだ。デラックスと謳いつつも見た目はシンプルである。

しかし「重い」のだ。大きさに対しかなりの重量があり、マツコデラックス氏しかり「デラックス」とは豪華という意味ではなく物量を示しているのかもしれない。

重みの正体はカステラだが、ただ重いだけではない。割と地味目な菓子だと思っていたカステラのイメージが変わるほどおいしい。何一つケチっていない味がする。デラックスとは、見た目でも重さではなく、やはり味だったのだ。最初からそんな気はしていた。

実際、デラックスケーキを製造している和歌山県田辺(たなべ)市の「鈴屋(すずや)」は、製品の材料や品質に相当なこだわりと自信があるようだ。

個人的に一番すごいと思ったのが、当代になってから、品評会などのコンテスト的なものへの出品は一切やめていることだ。出してないから負けてない、つまり勝ち、という不戦勝戦法ではない。現に今までデラックスケーキは様々な賞をもらっている。しかし、賞が必ずしも売上に直結するわけではないし、賞をとったから良い菓子というわけでもない、賞がなくてもデラックスケーキは良い菓子なのだ、ということで今後そういったものへの出品はしないと決めたそうである。

痺れる。

漫画にも賞はたくさんあるが、確かにどの賞とは言わないがとったからと言って決して本が売れるわけではないらしい。賞というものをとったことがないので実際はわからないが、そう聞いているのでそうあってほしい。

しかし、どんな賞でももらえれば嬉しいし、「賞をとった」と死ぬまで言うに決まっている。そんな名誉すら菓子の本質には関係ないと辞退する姿はかっこいいとしか言いようがない。

私もとったことはないが、「漫画賞は一切辞退する」と先に宣言したいところだ。

しかし、万が一とれた時困るのでやはり、そんなことは言えない。

そんな自信通りのカステラの間には自家製のジャムが入っている。このジャムが変わっていて「白いんげん」を使ったものだそうだ。よってあんこのような味わいもあり、和菓子っぽさもある。そしてそれをホワイトチョコで包んであるのも嬉しい。やはりケーキにはチョコだ。

最初は「デラックスケーキ」という強気すぎる名前に「そうは言うても」という気持ちがあったが、食べてみると「これはデラックスなケーキだ」としか言いようがない。

実際、食べた人は、その意外なまでのおいしさに驚くことが多く、地元の人気お土産品になっているようだ。確かに「おーいデラックスケーキだぞ！　手を洗ってこい」と言って持って帰りたさがある。

しかし、このデラックスケーキを作っている工場は数年前、火事で全焼という憂き目にあったそうだ。だが、仮工場で製造をつづけ、新工場も無事作られたという。もし火事でデラックスケーキが作られなくなったら文化遺産が燃えたに近いので本当に良かった。

今回担当がデラックスケーキをテーマに選んだのは、大変だったがこれからも頑張

ってほしいという気持ちもあってだそうだ。

私もそう思うが、辞退するまでもなく無冠の帝王である作家に応援されずとも、デラックスケーキは実力があるので、これからも続いていくだろう。

ちなみにカステラと言えば、切り落とされた部分が別で売られていたりするが、デラックスケーキにもそれがあり「デラックスケーキのはしっ子です！」という名前で売られているそうだ。

はしっ子もちゃんとホワイトチョコでコーティングされており、むしろチョコ量ははしっ子の方が多いと言われているため「はしっ子派」もいるようである。

ただし通販ページにははしっ子の姿はない。おそらく店舗などでしか販売していないのだろう。

今回食べてはないが、なんとなく自分は「はしっ子勢」になりそうな気がする。

やはりチョコレートがたくさんかかっているほうがデラックスみがある。

決して切り落とされる方に感情移入しているわけではない。

忖度なしの麺職人、青木のポテンシャルが高すぎる

【盛岡冷麺】

岩手県

今回のテーマは「冷麺(れいめん)」である。

冷麺と言われて日本人が頭に思い浮かべる物の三割は冷やし中華疑惑がある。冷やし中華は中華と言っても日本発祥と言われているものだが、冷麺が生まれたのは朝鮮半島であり、日本で食べられるのは主に焼肉店などだ。

実は四十七都道府県の名物を取り上げていたこの連載が、残りの数県を無視して海外編に突入してしまったわけではない。無視された中に我が地元県も入ってしまっている。

今回取り上げるのは岩手の「盛岡冷麺」である。昭和二十九年、朝鮮半島出身の青木輝人(あおきてると)という麺職人が、朝鮮の「咸興(ハムン)冷麺」と「平壌(ピョンヤン)冷麺」を融合させて作ったの

が、「盛岡冷麺」の始まりだそうだ。

「咸興冷麺」は甘辛いソースを絡めた汁なし麺、片や「平壌冷麺」は高麗(コウライ)キジのダシ汁に大根の水漬けの汁を使ったスープ冷麺だ。

青木輝人は「汁なし」の咸興出身だったが、汁がついていた方がイケていると感じ、キジダシの代わりに牛スープを使い、さらにキムチを組み合わせた独自の冷麺スタイルをドロップした。

この冷麺は当初非常に評判が悪かった。

特に食い慣れないコシの強い麺に関しては「ゴムみてえ」という感想をいただいていた。しかし、青木は「お客様のご意見に従い麺を柔らかく」などということはせず、「てめえらがこれに慣れろ」という姿勢を貫いた。

それでも青木は麺のコシ、コクのある牛骨スープ、キムチにこそこだわったが、何も変えなかったわけではない。

当初、麺は平壌式のそば粉を用いた黒っぽいもので、これがなかなかのビジュアルショックであった。その見た目に食べ慣れない食感の麺となったら初見殺しも良いところなので、そば粉を止めて小麦粉を使うことにした。

こうすることでコシはそのままに、見た目は今の半透明でとっつきやすいものになり、のどごしも良くなった。自信がある部分には手を加えず、他の部分で受け入れられやすくなるように工夫したのである。

さらに食う方が慣れるまで粘ったのが功を奏し、コシが強い麺も「癖になる」「忘れられない」と違法薬物のように盛岡市民を虜（とりこ）にしていった。

もし、客の意見に折れて麺を変えていたら盛岡冷麺はここで死んでいたかもしれない。

客の意見を反映させるのも大事だが、「これは絶対良いんだから、貴様らが良さに気づくまで待ってやる」という姿勢は時に必要である。

だが、その時はまだ「盛岡冷麺」という名前ではなく「平壌冷麺」という看板で出していた。なぜ出身地である「咸興冷麺」にしなかったかというと「平壌の方が有名だから」だそうだ。

確かに「足立区ラブストーリー」よりは「東京ラブストーリー」の方が何となく入りやすいような気がしないでもない。

盛岡冷麺という名称になったのはそこからかなり先で、

昭和六十一年「日本めんサミット」に出品された時、盛岡市職員が「盛岡冷麺」という名前を勧めたという。

朝鮮半島が発祥の食べ物だけに、当初は「盛岡冷麺」という名称に反発はあったようだが、これを機に盛岡冷麺は全国的にも浸透していくことになった。

今回送られてきたのは「日本めんサミット」に冷麺を出品した「ぴょんぴょん舎」の盛岡冷麺セットである。

突然だが、この冷麺セット、出来が良すぎる。

普通、麺類のお取り寄せと言ったら、麺とスープのみというのも珍しくなく、具材は自分で用意しなければ、せっかくお取り寄せをしたのに給料日前みたいな飯になってしまうことが多い。

しかし、この冷麺セットは、要であるスープ、麺、キムチはもちろん、ゴマに甘酢きゅうり、味付牛肉、さらにはゆで玉子まで入っているのだ。

さすがに、スイカや梨をつけるのは無理だったようだが（注：盛岡冷麺には果物が添えられる）、飯に果物を入れるか否かは戦争になりやすい話題だ。戦を避けるためにもなしで良かったと思う。

つまり、このセットだけでほぼ完全体の盛岡冷麺が作れてしまう。作り方も、麺を茹でて冷水で締め、後は盛り付けるだけである。

役者を揃えてくれたおかげで、この盛岡冷麺は非常に見た目が良い。オタクらしく言えば「顔が……顔がいい」という奴だ。麺を綺麗に丸く整えるというのは技術の問題で無理であったが、それでも見た目が良い。さすが創業者の青木がこだわっただけある。


だが、もちろん見た目だけではない。

元々自分は酸味のある冷たい麺類が好きなのだが、これもキムチの辛みと酸味がスープにあっており、それがまたコシの強い麺にちょうど良い。

コシが強いだけではなくのどごしも最高で、美味いと同時に「気持ちよく」食べた。家人の二倍のスピードで完食してしまった。これは他人に食わせるものではなかった。惜しいことをした。今まで焼肉屋に行っても冷麺を頼むこともなく、完全にノーマークだったが、もったいないことをした。

おかげで「冷麺」と言われたら冷やし中華ではなく「盛岡冷麺」が思い浮かぶようになったが、三回に一回ぐらいは黒い平壌冷麺が思い浮かびそうな気もする。

そのぐらいインパクトがあった。それもいつかは食べてみたいものである。

徳川に献上していないことが伝わってくる

【玉羊羹】

福島県

今回のテーマは福島県の「羊羹（ようかん）」だ。

和菓子に対する感覚が雑な人間は、羊羹「羊羹」と言えば超メジャーな和菓子だが、和菓子に対する感覚が雑な人間は、羊羹というろう、果てはあんことの区別がついていなかったりする。

あらためて「羊羹」とは何かというと、元は中国の料理で、字の通り「羊（ひつじ）の羹（あつもの）」、つまり羊肉のスープだったそうだ。

あまりにも遠いスタートである。

しかし、その頃から「羊のゼラチンで煮こごり状になる」点など、現在の羊羹の片鱗（へんりん）がないわけでもなかった。それが鎌倉から室町時代にかけて日本に伝わったが、当時肉食は禁じられていたため、羊の代わりに小豆を用いるようになったらしい。

「羊がダメなら小豆や」という完全に謎の発想により、小豆に小麦粉や葛粉を混ぜて蒸しあげた「蒸し羊羹」が誕生した。

その後、小豆あんを寒天で固めた「煉り羊羹」が登場すると、「蒸し羊羹を食っている奴は何やってもダメ」という風潮になり、羊羹と言えば「煉り羊羹」を指し、蒸し羊羹は煉り羊羹の半額程度に扱われ、丁稚でも買える「丁稚羊羹」とも呼ばれるようになったそうだ。

今の感覚で言えば「童貞羊羹」みたいな扱いであろうか。何も悪いことはしていないのに酷い降格ぶりである。

現在も羊羹と言えば煉り羊羹のことであり、寒天の効かせ具合が甘く柔らかいものを「水羊羹」と呼んでいる。

煉り羊羹が羊羹界を牛耳ったのは江戸時代のことであり、今回送られてきた羊羹も江戸時代から続く老舗「玉嶋屋」のものである。東北の大名に所望され、そこからあの徳川家にも献上されたという由緒正しい羊羹だそうだ。

今も当時からの製法を守り、ならの木を燃料に小豆を煉り、竹の皮にじかに包むなどのディティールも変えずに作り続けているという。

だが、今回送られてきた玉嶋屋の羊羹は、一目で「これは徳川に献上してねえだろ」とわかる一品である。

丸いのだ。

とりあえず、初見では「丸い」としか言いようがない。ツヤのある、赤紫がかった黒い球体は一瞬「巨峰が来た？」と思わせるほどだ。

その名も「玉羊羹」である。そのまんま、なのだが、玉以外に表現しようがないのも事実である。

「玉羊羹」は、ゴム風船に羊羹を詰めた一品であり、もちろん徳川には献上されておらず、戦時中、軍から兵士に送る慰問袋の中に入れる菓子を作れという要請を受けて生まれた背景がある。

ゴム風船に入れられているのも、奇をてらったわけではなく、風船の中に入れることにより一か月経っても柔らかい羊羹が食べられる仕組みになっているのだ。

当時は「日の丸羊羹」という名前だったが、戦後、軍用色をなくすため「玉羊羹」というそのまんまな名前に改められたそうだ。

ちなみに、ゴム風船を使ったお菓子といえば「おっぱいアイス」を想像する人もいるかもしれない。

実は「玉羊羹」も、当時あった風船に入れられたアイスをヒントに作られたらしい。しかし、玉羊羹は完全な球状に仕上げられており、おっぱいの入ってくる余地がない。ツヤツヤとした涼しげな見た目は、しゃらくさいガラスの器などに盛れば立派なインスタ映えである。色を五色ぐらいにすればもっと映えると思うが、おそらく玉嶋屋さんはそういうことはしない気がする。

食べ方だが、風船を縛ってある部分を解くわけではなく、風船をつまようじで刺す。つまようじを刺した瞬間、羊羹が爆発四散する姿が目に浮かぶが、爆発はせず、風船が一瞬でむけ、さらにツヤのある羊羹が丸いまま現れる。

これは面白い。子どもが無駄にむいて怒られるやつだ。

実は私も届いて一か月近く経ってから食べたのだが、本当に作りたてかというぐらい柔らかく瑞々しい。やはり風船は伊達ではなかった。羊羹はしっかり煉られていてとても食べやすい。

ちなみに、羊羹は高カロリーでも知られ、スポーツ用や非常食としても使われている。玉羊羹も一〇〇g約三〇〇キロカロリーと完全にデブ玉なのだが、しっかりとした甘みがあるからか、一つでも十分満足感があるので安心だ。

通販では、昔ながらの煉り羊羹とこの玉羊羹を主に扱っているようだが、玉嶋屋のインスタを見ると、店舗では洋菓子風の羊羹や例の「砂糖で出来たサンタが載っているクリスマスケーキ」など、もはや和菓子ですらないものまで広く扱っているようだ。ちなみに本店には「巨大玉羊羹」も飾ってあるらしい。

老舗にも昔から一切変わらない派、新しいものに挑戦してみる派、そして「とりあえずでかくしてみる派」がいる。

どうやら玉嶋屋はこの三つの要素を兼ね備えたハイブリット老舗のようである。

おらが村の「ういろう」はとても繊細だ

【ういろう】

山口県

人から郷土愛を引き出すには「食べ物」の話をするのが一番な気がする。引き出してどうするのか、それは相手を「面倒くさい奴にする」と同義である。逆に言えば異郷（いきょう）の奴に絶対そいつの出身地名物の話を振るなということだ。

私も平素は、山口県で有名な食べ物はなんですかと聞かれたら「総理大臣」と答えるし、「行ってみたい」と言われれば「山口以外全部沈没しない限りは来なくていい」と答える、謙虚型である。

しかし「山口県と言えばフグだよね」と言われたら「あれは下関だけだから」と瞬時に訂正を入れてしまうのである。本当にどうでも良いなら「そこら辺に生えてる」とか「山口県民はフグ毒では死なない」ぐらい適当なことを言うはずだ。

このように、どれだけ故郷に思い入れがない人間でも、他県民に地元の食べ物について語られるとイラつき、間違ったことを言われようものなら、鬼ではなくドストレートに相手の首を獲りに行ってしまったりするのだ。

これだけセンシティブな話題にも拘わらず、世の中には「名物がかぶっている」という悲劇がある。

例えば「お好み焼き」が名物といえば大阪と広島があるのだが、大阪の人に広島のお好み焼きの話をすると「あれは広島焼きだ」という返答が返ってくることがある。

こっちの方が美味いというレベルではなく、相手の存在すら認めていないのだ。

我が故郷山口県にも他県とかぶっている名物がある。

それが「ういろう」だ。

ういろうと言えば名古屋だろうと思われるかもしれないが、山口の名物でもあるのだ。確かに知名度で言えば名古屋かもしれない。

しかし、別媒体の担当が山口県に来た際、土産物屋の人に「ういろうと言えば名古屋も有名ですよね」と言ったところ、「あれはういろうではありません」という満点解答をいただいたという。

そもそも、山口の土産物屋で名古屋のういろうの話をする方が間違っている。欧米で中指を立てるようなものであり、射殺されても文句は言えない。

山口県は銃社会なのだ。

そんなわけで今回のテーマは「ういろう」である。しかもご丁寧に我が地元山口県のういろうと、名古屋のういろう両方送って来た。どうやら銃殺されたいようだ。

まず、山口のういろうと名古屋のういろうの何が違うのかというと、当然知らないのでググったところ、原料が違う。

名古屋のういろうは米粉を使い、山口のういろうはわらび粉を使っているという明確な違いがある。このわらび粉を使っているというのが、山口のういろうが他県と一線を画するところらしい。

名古屋のういろうはモッチリと固め、山口のういろうはプルっとした柔らかめで透明感がある。また形も山口は長方形だが、名古屋は正方形に近い。

名古屋でういろうと言えば、「青柳(あおやぎ)ういろう」が一番有名で、日本一の販売量を誇るという。東海道新幹線が開通した時、この青柳ういろうだけが車内販売を許されたことから、名古屋のういろうは全国的に有名になったらしい。

送られてきた青柳ういろうは、シンプルな「しろ」に黒砂糖を使った「くろ」、「抹

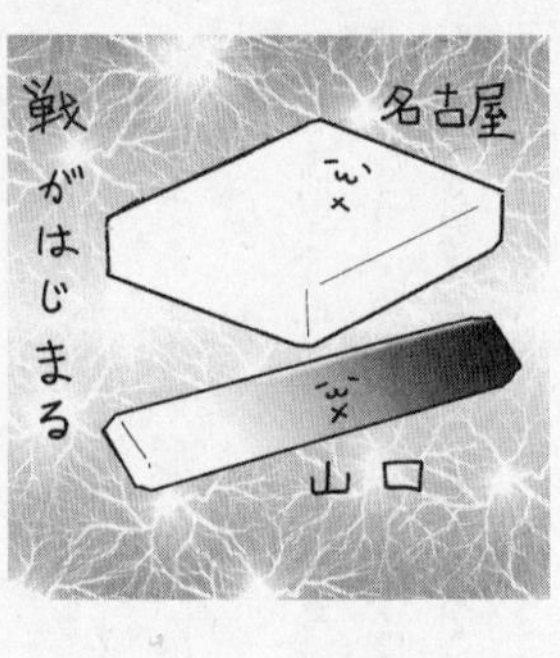

茶」、こしあんを使った「上がり」にピンク色の「さくら」の五色セットだ。

敵ながら、五つも味があるというのはワクつかずにいられない。私の精神は山口県民の前にデブなのだ。デブの心には県境どころか国境もないのである。

食べてみるとやはりモッチリした食感で食べ応えがある。山口のういろうに慣れているため、これをういろうと言われたら違和感を感じるものの、食べ物としては確かにおいしい。

山口のういろうは小豆が入っているのが主流なので、ほぼ米粉と砂糖のみで構成された「しろ」のシンプルさが特に良い。

大阪人が「あれは広島焼き」と言うのも「食い物としての美味さは認めている」というリスペクトの表れな気がしてきた。

続いて山口県からは「豆子郎（とうしろう）」のういろうである。

私の中で山口のういろうと言えば「豆子郎」もしくは「御堀堂（みほりどう）」だ。ネット情報によると山口には「福田屋」というういろうの元祖があり、そこの職人が「御堀堂」を創業し、そこのういろうを良く食べていた人が「豆子郎」を作ったそうだ。

よく食ってたというだけで作れるものなのか、という疑問はあるが実際ういろうの有名店になっているのだから、作れたのだろう、耳コピならぬ舌コピだ。

山口のういろうはがっしりとした名古屋に比べ、もはや自重に耐えきれぬほど柔らかく、わらび粉が原料だけにわらびもちのようなみずみずしさがある。小豆あんが加えられているため、甘みもこちらの方が強く感じる。

ちなみに、名古屋にも山口にも「生ういろう」というのがあるが、双方作り方は普通のういろうと変わらないようだが、保存が効くように包装をされたものが普通のういろうで、そういったことをせず、寿命が短いため店頭販売しかしないのが生ういろうのようだ。

ただし、青柳生ういろうの賞味期限は十日に対し、豆子郎の生ういろうは、なんと三日しかない。

つまり山口のういろうの方が繊細ということだ。

このように、いつもは故郷に思い入れがないように振る舞うが、いざ地元の食い物を出されると身内びいきになってしまうものである。

自分でも気づかない郷土愛を知るためにも、たまには各々地元名産について語り合ってみるのも良いのではないだろうか。

ただし「銃撃戦の恐れがある」ということだけは注意してほしい。

あとがき

家から出たくないので「おとりよせ」で労せず各地の名産を食ってやろうという、十返舎一九が発狂して膝毛全部を抜いてしまいそうなレベルの動機ではじまったのが、この「ひきこもりグルメ紀行」である。

しかし連載中に新型コロナウィルスが蔓延してしまい、その結果「ひきこもり」の方が正しい行動とされ、不要不急の「外出」は、危機管理意識に欠けるバカのすることとされてしまった。

このように世の中の価値観というのはいとも容易く変わる。

今、ハゲとかデブとか、すきっ歯とか、世間的に不名誉と思われている称号も来年それが「イケている」という展開になる可能性があるということだ。むしろ称号が多いほど、それが勲章になる確率が上がるわけである。不用意に増毛やダイエットなどするべきではない。

もしそうならなかったとしても、これだけコロコロ変わる人間の価値観如きに一喜一憂する方が愚かと言える。

ともかく現在も「外出」は出来るだけ避けた方が良く、「旅行」などもってのほかという雰囲気は続いている。

途中「Go Toキャンペーン」と称した、外出は自粛を要請するが、旅行は推奨するという哲学みたいな政策が出されてしまったがために、旅行先で他県ナンバー狩りに遭うなど「Go To HELLキャンペーンだった」という噂もネットには立っていた。ともかく、いろんな意味でまだ安心して外出や旅行が出来る状態とは言えないようだ。

そんな人々の生活を支えたのが通販、そして心を慰めたのが「おとりよせ」だと聞いている。

つまり、このコラムは完全な世相先取りであり、何かと後手に回りがちな政府に代わり、コロナ後の新しいライフスタイルを提言していたと言える。

中にはそれらにハマりすぎて「コロナ破産」をしてしまった者もいると聞いたが、

さすがにそれはコロナのせいにしない方がいいと思う。コロナさんだって弁護士の友人の一人や二人いるはずである。

通販の発達で、昔は現地に行かないと食べられなかったものが家にいながらにして入手できるようになった。

現地に行く楽しみがなくなったとも言えるが、今のような情況だって起こりうるのだし、誰しも行きたいところに行けるわけではない。そういう意味ではやはり「おとりよせ」というシステムは非常に画期的である。

そして連載を続けているうちに、大体の品物や情報はネットで手に入る世の中になったが、それでも現地に行って聞いてみないとわからないことや、食べられない物が未だにあるのもわかった。

おとりよせをすることにより、逆に現地に行く意味を見いだせたということである。

ちなみに「ひきこもりグルメ紀行」の名前は伊達や酔狂ではなく、私はコロナとは全く関係なくひきこもり続ける日々を送っており、しかも連載中に会社をやめて無職になってしまったため、いよいよ部屋からも出なくなってきた。

会社に行かなくていいメリットは五億九千個ぐらいあるが、ただ一つ「通りもん」

の入手経路がなくなった、というデメリットがある。

この本の冒頭でも銘菓の中で一番美味いのは「通りもん」と言っている。連載を通じて様々な美味い物と出会ったが、それらに通りもんが引けを取っているとは未だに思わない。しかし、それだけ美味いと思っているのに自ら買うことはあまりない。

まず部屋から出ないので通りもんが買える圏内に行くことがないのもあるが、万が一博多湾に沈められるなどの所用で福岡に行ったとしても、自分では買わないような気がする。

現に数年前「福岡市博物館にへし切長谷部を見に行く」という、わかる人間にとっては「それはひきこもりでも外に出る、むしろクソひきこもりだからこそ行く」というような急務で福岡に行った時も、駅構内では至る所に通りもんが売ってあったが、何故かそれを無視して「堅パン」を買って帰った。

堅パンも北九州を代表する菓子だが、通りもんと違って「美味くも不味くもない、ひたすら堅い」というのが特徴である。

何故、いくらでも通りもんが買える状況で買わなかったかというと、やはり通りもんは「土産としてもらうのが特に嬉しい」からだと思う。

それも箱ではなく、一つだけもらった時の方が嬉しい。

会社員時代は、誰かが福岡に行った時に通りもんを土産に買い、それが配られるということがたまにあったのだ。

「博多の女（ひと）」とかが配られると、悪いが「なんで通りもんを買わないのか、しかも女と書いて「ひと」なんてエロ過ぎるだろう」と思っていた。だがそんなことがあるからこそ、たまに配られる「通りもん」が嬉しかったのである。

会社を辞めてしまった今、もう私のデスクに通りもんが一つ置かれることはない。置かれたとしたら逆に事件性がある。

もちろんとりよせようと思えばとりよせられるが、やはり通りもんは不意にやってくる僥倖のままであってほしい。

しかし、それだけ通りもんが好きな割に通りもんのプロフィールに関してはあまり知らないので、今更だがネットで調べてみた。

通りもんは正式名称「博多通りもん」で、博多の「明月堂」が一九九三年から製造している土産菓子だ。

私以外にも通りもんに魅せられている者は多いようで「最も売れている製菓あんこ饅頭ブランド」としてギネス世界記録にも認定されており、モンドセレクションで二十年連続金賞になっているらしい。

モンドセレクション金賞も八回目ぐらいで「もういいか」という気になりそうなものだが、貰えるものは貰うという謙虚な姿勢が垣間見える。

そして最近のトピックスで言うと、二〇二〇年いろんな意味で話題になったドラマ『M 愛すべき人がいて』に登場した、田中みな実が演じる姫野礼香（ひめのれいか）の右目の眼帯が「通りもん」に似ているということで世間を賑わせたそうだ。

全く意味が分からない。

令和のドラマに眼帯キャラが出て来るというだけでもにわかに信じがたいのに、それが「通りもんに似ている」とは一体どういうことなのか。

さっそく「姫野礼香」で画像検索してみたところ、本当に「通りもんに似ている眼帯をつけた人」としか表現できない人の近影が現れた。

私はドラマ未見だったため、何故そこまであのドラマが話題になっているのかわからなかったが、これは話題にならない方がおかしい。むしろ通りもんファンとして知らなかったことが恥ずかしい。

さらに、その縁で明月堂はドラマのスポンサーとなり、ドラマの合間に通りもんのコマーシャルが流れたという。

そして明月堂は「通りもん眼帯をつけてもらったおかげで売り上げが伸びた」とコメントしたという。

意味がわかった上でやはり「意味がわからない」としか言いようのない流れだが、コロナの影響でひきこもりが推奨されたり、田中みな実が通りもんに似た眼帯をつけたことにより通りもんが売れたりと、やはり世の中は何が起こるかわからない。人生だって今悪いからと言って悲観することはない。この先もっと悪くなるかもしれないのだから、今の安寧をもっと喜ぶべきだ。

それに通りもんが「眼帯にしたいほど美味い」というのも事実である。むしろ「眼帯にしておくことで、いつでも通りもんが食べられる」というのは真似したいぐらいの良いアイディアだ。

この調子で、昔一世を風靡した貝殻ビキニのように、通りもんビキニでビーチの視線を総取りするグラドルの登場が待たれる。

だが、眼帯やビキニにするのも良いが、やはり通りもんは食べないともったいないと思う。

通りもんは饅頭でありながら洋菓子の要素も取り入れており、バターや生クリームが使われている。よって非常に濃厚で一つでも十分満足できるが、四十個食えと言われたら余裕で食える逸品となっている。

私が悪代官で、越後屋に「つまらないものですが」と四十個入りの通りもんを渡されたら、それはもう便宜を図らずにいられないというものだ。

しかし、当然通りもんが普通の饅頭よりもカロリーが高くなっていることは想像に難くない。

明月堂HPのQ&Aコーナーにも「美味いけどカロリーが気になる」というもはや質問ですらない質問が寄せられており、それに対し明月堂も「通りもんは一つ一一五キロカロリーで、餡は（ほぼ）豆なので食物繊維も豊富です」という答えになってない答えの後に「食べ過ぎには注意」と言っているので、やはり高カロリーなことは否めないようだ。

　しかし、通りもんを食いながらカロリーを気にすること自体が愚かである。そんなの全裸で外に出ておいて、ヘアスタイルの乱れを気にするようなものだ。

むしろこれだけ美味いものが一一五キロカロリーで済んでいるということに感謝すべきである。戦闘能力的には五億キロカロリーぐらいあってもおかしくない。

当然通りもんも通販で購入することができ、明月堂のHPには他にも美味そうな菓子がたくさん売ってあるので、もし食べたことがないという人がいたらぜひとりよせてみてほしい。

しかし私はあえてとりよせはせず、今後も「不意に貰う通りもん」という僥倖を待ちわびようと思う。

二〇二〇年晩秋　カレー沢薫

本書は「女子SPA！」（二〇一六年十二月～二〇一九年五月）および「ｃａｋｅｓ」（二〇一九年十月～二〇二〇年五月）で連載されたコラム「ひきこもりグルメ紀行」を加筆修正し、あとがきを書き下ろしたものです。

貧乏サヴァラン　森茉莉　早川暢子編
オムレット、ボルドオ風茸料理、野菜の牛酪煮……。食いしん坊茉莉は料理自慢。香り豊かな"茉莉ことば"で綴られる垂涎の食エッセイ。文庫オリジナル。（辛酸なめ子）

ねぼけ人生〈新装版〉　水木しげる
戦争で片腕を喪失、紙芝居・貸本漫画の時代と、波瀾万丈の人生を、楽天的に生きぬいてきた水木しげるの、面白くも哀しい半生記。（呉智英）

えーえんとくちから　笹井宏之
風のように光のようにやさしく強く二十六年の生涯を駆け抜けた夭折の歌人・笹井宏之。そのベスト歌集が没後10年を機に待望の文庫化！（穂村弘）

ちょう、はたり　志村ふくみ
「物を創るとは汚すことだ」。自戒を持ちつつ、機へ向かうときの沸き立つような気持ち。日本の色への強い思いなどを綴る。（山口智子）

猫語の教科書　ポール・ギャリコ　灰島かり訳
ある日、編集者の許に不思議な原稿が届けられた。それはなんと、猫が書いた猫のための「人間のしつけ方」の教科書だった……!?（大島弓子）

ベランダ園芸で考えたこと　山崎ナオコーラ
ドラゴンフルーツ、薔薇、ゴーヤーなど植物を育て、生と死を見つめた日々。『太陽がもったいない』を改題、書き下ろしエッセイを新収録！（藤野可織）

水鏡綺譚　近藤ようこ
戦国の世、狼に育てられ修行をするワタルと、記憶をなくした鏡子の物語。著者自身も一番好きだったという代表作。推薦文＝高橋留美子（南伸坊）

百日紅（上）　杉浦日向子
（さるすべり）
文化爛熟する文化文政期の江戸の街の暮らし・風俗・浮世絵の世界を多彩な手法で描き出す代表作の決定版。初の文庫化。（夢枕獏）

百日紅（下）　杉浦日向子
（さるすべり）
北斎、娘のお栄、英泉、国直……奔放な絵師たちが闊歩する文化文政の江戸。淡々とした明るさと幻想が織りなす傑作。

どこに転がっていくの、林檎ちゃん　レオ・ペルッツ　垂野創一郎訳
元オーストリア陸軍少尉ヴィトーリンは、捕虜収容所での屈辱を晴らそうと革命後のロシアへ舞い戻る。仇の司令官セリュコフを追う壮大な冒険の物語。

ブコウスキーの酔いどれ紀行　チャールズ・ブコウスキー　中川五郎訳

泥酔、喧嘩、二日酔い。酔いどれエピソードと嘆き節がぶつかり合う、伝説的カルト作家による笑いと涙の紀行エッセイ。（佐渡島庸平）

教科書で読む名作 戦争文学 夏の花ほか　原民喜ほか

表題作のほか、審判（武田泰淳）／夏の葬列（山川方夫）／夜（三木卓）など収録。高校国語教科書に準じた傍注や図版付き。併せて読みたい名評論も。

ないもの、あります　クラフト・エヴィング商會

堪忍袋の緒、舌鼓、大風呂敷……よく耳にするが、一度として現物を見たことがない物たちを取り寄せてお届けする。文庫化にあたり新商品を追加。

既にそこにあるもの　大竹伸朗

画家、大竹伸朗「作品への得体の知れない衝動」を伝える20年間のエッセイ。文庫では新作を含む木版画、未発表エッセイ多数収録。（森山大道）

ひとはなぜ服を着るのか　鷲田清一

ファッションやモードを素材として、アイデンティティや自分らしさの問題を現象学的視線で分析する。「鷲田ファッション学」のスタンダード・テキスト。

いろんな気持ちが本当の気持ち　長嶋有

何を見ても何をしてもいろいろ考えてしまう。生活も仕事も家族も友情も遊びも、すべて。初エッセイ集が新原稿を加えついに文庫化。（しまおまほ）

肉体の学校　三島由紀夫

裕福な生活を謳歌している三人の離婚成金。〝年増園〟の例会はもっぱら男の品定め。そんな一人がニヒルで美形のゲイ・ボーイに惚れこみ……。（群ようこ）

ムーミン谷のひみつ　冨原眞弓

子どもにも大人にも熱烈なファンが多いムーミン。その魅力の源泉を登場人物に即して丹念に掘り起こす、とっておきのガイドブック。イラスト多数。

泥酔懺悔　朝倉かすみ、中島たい子、瀧波ユカリ、平松洋子、室井滋、中野翠、西加奈子、山崎ナオコーラ、三浦しをん、大道珠貴、角田光代、藤野可織

泥酔せずともお酒を飲めば酔っ払う。お酒の席は飲める人には楽しく、下戸には不可解。お酒を介した様々な光景を女性の書き手が綴ったエッセイ集。

君は永遠にそいつらより若い　津村記久子

22歳処女。いや「女の童貞」と呼んでほしい——。日常の底に潜むうっすらとした悪意を独特の筆致で描く。第21回太宰治賞受賞作。（松浦理英子）